도시농업
텃밭 채소

국립원예특작과학원 지음

21세기사

목 차

PART 1 텃밭 설계 ·······················05

PART 2 텃밭 가꾸기 ·······················15

PART 3 작물재배 ·······················35

01 가지	36
02 감자	40
03 강남콩	44
04 고구마	48
05 고추	52
06 근대	56
07 당근	60
08 대파	64
09 도라지	68
10 딸기	72
11 땅콩	76
12 마늘	80
13 무	84
14 미나리	88
15 배추	92

16 부추	96
17 브로콜리	100
18 상추	104
19 생강	108
20 시금치	112
21 쑥갓	118
22 양배추	122
23 양파	126
24 오이	132
25 옥수수	136
26 완두	140
27 쪽파	144
28 참외	148
29 토마토	154
30 호박	160

부록 나만의 퇴비만들기 ·······················165

도시 농업 텃밭채소

PART 1 텃밭 설계

■ 섞어짓기(혼작)와 돌려짓기(윤작)

- 섞어짓기를 하면 하나의 작물을 대량으로 심어 생기는 병충해의 대량 발생을 예방할 수 있다.
- 하나의 작물을 많이 심을 때는 다른 작물과 함께 한 이랑씩 건너뛰어 심는 게 좋다.
- 예를 들어 김장배추를 한곳에 모두 심지 말고 한 이랑엔 배추를 심고 그 옆에는 쪽파나 대파를 심고, 다시 배추 한 이랑을 심은 다음 그 옆에 갓을 심고, 그 옆에는 무를 심고, 또 배추를 심고 옆에다 총각무를 심는 식이다.
- 서로 보완적인 작물들을 섞어 심으면 작물의 성장과 수확을 더욱 높일 수 있다.
- 예를 들어 콩과 같이 거름을 스스로 만드는 작물 옆에다 거름이 많이 필요한 옥수수 같은 것을 심으면 거름을 절약할 수 있다.
- 햇빛을 좋아하는 것과 싫어하는 작물을 섞어 심으면 공간을 효과적으로 쓸 수 있다.

- 뿌리를 깊게 뻗는 작물과 얕게 뻗는 작물을 함께 심는 것도 효과적이다.
- 흉작에 따른 피해를 줄일 수 있다.
- 돌려짓기를 하는 이유는 같은 작물을 다음해에도 같은 자리에 계속 심어 생기는 이어심기 피해(연작 피해)를 피하기 위해서다.
- 이어짓기 피해는 한 작물에만 해당되는 것은 아니다. 같은 과(科)에 속하는 작물은 성격도 같기 때문에 이어짓기 피해를 받는다(예: 가지과-고추, 토마토, 감자, 가지).
- 서로 보완적인 성격의 작물을 돌려심음으로써 땅심도 좋게 하고 작물의 성장도 좋게 한다. 예로 들깨와 마늘은 상호 보완적인 성격을 갖고 있어 들깨 심은 자리에다 마늘을 심고 다시 마늘 심은 자리에다 들깨를 심으면 병해충도 적고 성장에도 좋다.

■ 섞어짓기의 예

- 고추와 들깨, 수수
  -고추밭에 마늘 심으면 고추밭에 서식하는 병균을 예방
  -들깨향에 의해 고추에 피해주는 담배나방애벌레 막아줌
- 토마토와 대파 혹은 갓
- 파, 부추는 채소류(토마토, 오이, 호박, 수박, 배추, 딸기, 시금치)
- 마늘과 상추
- 콩밭에 옥수수나 열무

- 감자 심은 골 옆에 강낭콩
- 옥수수, 수수 밭에 호박, 조선오이
- 고구마 밭에 옥수수, 수수, 조
- 배추밭 사이에 파 종류
- 밀-뿌리를 깊게 내려 땅을 좋게함(겨울에 활용)
- 들깨 심은 곳에 마늘
- 유인작물
  -밭둑의 찔레, 산딸기(진딧물 유인), 지칭개(개미와 무당벌레, 진딧물 유인)

■ 돌려짓기의 예

구 분	1구역	2구역	3구역	4구역
1년째	보리, 밀, 완두콩	양파	참깨	쑥갓, 상추, 시금치
2년째	메주콩, 나물콩	기장, 수수, 조	감자, 참외, 수박, 오이	호박
3년째	고추, 가지, 토마토	감자, 강낭콩	들깨	마늘, 양파
4년째	양파	딸기	쑥갓, 시금치, 상추, 마늘	기장, 수수

■ 섞어짓기와 돌려짓기를 한 텃밭의 설계도(예시)

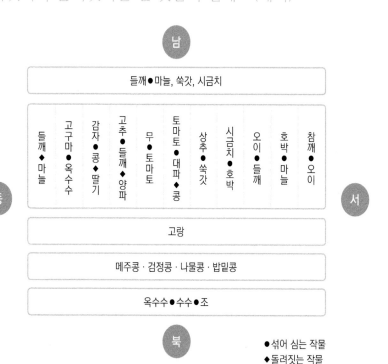

자료: 도시사람을 위한 주말농사 텃밭 가꾸기. p37

2 텃밭 설계

◼ 절기와 작물 재배력

절 기	씨뿌리기	옮겨심기	거두기
소한(1.6-7)			
대한(1.20-21)			
입춘(2.4-5)			
우수(2.19-20)	고추		
경칩(3.6-7)	쑥갓		
춘분(3.21-22)	호박, 고구마, 감자, 상추, 가지 대파1차, 부추1차, 홍화		
청명(4.5-6)	토마토, 오이, 참외, 봄배추 옥수수, 시금치1차		
곡우(4.20-21)	수박, 토란, 들깨, 생강, 벼, 목화	가지	
입하(5.6-7)		고추, 호박, 오이, 봄배추	
소만(5.21-22)	참깨, 무1차	토마토, 수박, 참외, 고구마 상추, 들깨, 부추2차	
만종(6.6-7)	시금치2차		양파
하지(6.21-22)	메주콩, 조, 수수		봄배추, 마늘, 밀 보리, 감자
소서(7.7-8)		대파, 부추1차	
대서(7.23-24)			옥수수
입추(8.7-8)	가을배추		홍화
처서(8.23-24)	무2차, 양파		
백로(9.7-8)	쪽파, 시금치3차	가을배추	목화
추분(9.23-24)	상추, 대파2차, 부추2차		조, 수수
한로(10.8-9)	마늘		벼
상강(10.23-24)	밀, 보리	상추, 양파	메주콩, 생강, 고구마
입동(11.7-8)		대파	
소설(11.23-24)			가을배추
대설(12.7-8)			
동지(12.23-24)			

자료: 도시농업지도자 양성교육 교재(Ⅰ Ⅱ) p.40

■ 텃밭작물별 파종시기(예)

파종시기	종류	종자	간격(㎝)	수확시기
3월말~4월초	감자	씨감자	25	6월말~7월초
4월초~4월하순	상추, 쑥갓	씨앗 또는 모종	25	5월중순~6월말
	강낭콩		30	7월초순
	얼갈이배추		10	5월중순~
	열무	씨앗	5	5월중순~
	시금치		5	5월중순~
	아욱		5	5월중순~
	대파	씨앗 또는 모종	10	(모종)6월초순~
	당근	씨앗	10	7월초~
5월초	토마토		45	6월하순~
	가지		45	6월하순~
	오이	모종	40	6월중순~
	고추		45	6월중순~
	애호박		40	6월중순~
8월하순~9월초	김장배추	모종	45	11월중순~
	김장무		35	11월초~
	알타리무	씨앗	10	11월초~
	쪽파	씨쪽파	20	11월초~

자료 : 도시농업지도자 양성교육 교재(Ⅰ Ⅱ) p.41

◼ 5평 여름농사(예시)

상추 2줄	
쑥갓 2줄	
얼갈이배추 3줄	줄 간격 25cm
열무 3줄	
당근 2줄	
감자 3줄 (가장자리에 강낭콩)	한 줄에 4개씩/줄 간격 40cm 포기 간격25cm
고추 6개	한 줄에 3개씩/포기 간격 40cm
토마토 3개 (가장자리에 대파)	포기 간격 45cm
오이 4개 (가장자리에 대파)	한 줄에 2개씩/포기 간격 40cm
애호박 2개 (가장자리에 대파)	포기 간격 40cm

◼ 5평 가을농사(예시)

김장배추 3개씩 10줄 30포기	포기 간격 40cm
김장무 4개씩 5줄 20개	포기 간격 25cm
쪽파 30개 (김장배추 사이에)	간격 15cm
알타리무 3줄	포기 간격 10cm

◼ 5평 텃밭설계(예시)

6구획형	1월	2월	3월	4월	5월	6월	7월	8월	9월	10월	11월	12월
0.5평				쌈채소			열무		갓			
1평				토마토 또는 오이					당근			
0.5평			완두		시금치			김장무, 배추				
1평				옥수수								
1평				고추 또는 고구마								
1평				감자				파				

자료 : 도시농업지도자 양성교육 교재(ⅠⅡ) p.41-42

3 텃밭 달력

■ 1년 작형

파종	●
육모	·········
정식	✖
수확	▬▬▬

➲ 식량작물

작물 \ 월	1월	2월	3월	4월	5월	6월	7월	8월	9월	10월	11월	12월
감자			●━━━━━━━▬▬▬									
강남콩				●━━━━━━▬▬								
고구마				●······✖━━━━━━━━━▬▬								
				●······✖━━━━━▬▬							
땅콩				●━━━━━━━━━━━▬▬								
옥수수				●━━━━━━━━▬▬▬								
				●━━━━━━▬▬							
콩				●━━━━━━━━▬▬								
				●━━━━━━━━━━━━▬▬							
토란				●━━━━━━━━━━━▬▬								

○ 엽경채류

작물＼월	1월	2월	3월	4월	5월	6월	7월	8월	9월	10월	11월	12월
갓				●———		▩		●———		—▩		
근대				●———		▩			●——	—▩		
대파				●·······✖		———			—▩▩	▩▩	▩	
배추			●··✖		▩			●··✖	—▩			
부추			●·········✖				—▩▩	▩	▩	▩		
브로콜리							●···✖	——		—▩	▩	
상추			●·✖		▩			●··✖	—▩			
쑥갓				●—▩		●—▩	▩	●—▩▩	●—▩			
시금치			●—▩	●—▩				●—▩	●—▩			
아욱				●———		▩			●———	—▩		
양배추			●·····✖				●·····✖	—▩		—▩		
양상추			●··✖		▩			●·····✖	—▩			
엇갈이 배추					●—▩	●—▩	●—▩					
엔디브			●·····✖		▩			●·····✖	—▩	▩		
잎들깨					●———	▩▩▩	▩▩					
쪽파					●——▩		●——▩					
케일			●·····✖			▩	●·····✖	—▩				

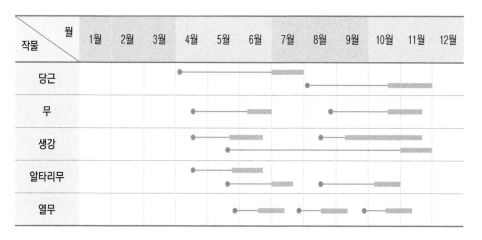

➲ 과채류

작물 ＼ 월	1월	2월	3월	4월	5월	6월	7월	8월	9월	10월	11월	12월
가지												
고추												
수박												
오이												
쥬키니호박												
참외												
토마토												
호박												

➲ 근채류

작물 ＼ 월	1월	2월	3월	4월	5월	6월	7월	8월	9월	10월	11월	12월
당근												
무												
생강												
알타리무												
열무												

도시
농업 텃밭채소

PART 2 텃밭 가꾸기

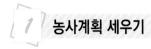

1 농사계획 세우기

■ 작업시기, 작물, 면적의 결정

예로부터 우리 조상들은 절기에 따라 농사를 지었다. 씨를 뿌리고 가꾸고 거두는 데는 모두 적당한 시기가 있기 때문이다. 미리 계획을 세워 시기를 놓치지 않는 것이 무엇보다 중요하다. 농작물은 농부의 발자국 소리를 듣고 자란다고도 한다. 자주 돌아보아야 풍성한 결실을 얻을 수 있다.

먼저 농장에 심을 작물을 결정 한다
● 파종 시기는 봄, 여름, 가을로 나누어 계획을 세운다.
● 수확시기도 고려해서 일년 내내 식탁이 풍성하도록 계획을 세운다.

작물별 면적과 위치를 결정 한다
● 가족이 함께 먹을 수 있는 양을 심고 되도록 다양한 작물을 심도록 한다.
● 결정한 면적에 따라 효율적으로 자리배치를 한다. 키가 커서 햇볕을 가리는 옥수수나 자리를 많이 차지하는 호박은 가장자리나 자투리 땅을 활용한다.
● 한 가족을 위한 텃밭 면적은 150~300㎡정도면 충분하다(표1).

〈표 1〉 한 가족(4인 기준)이 자급자족하기 위한 텃밭 면적

구분	소비량(1년)	재배면적	비고
감 자	20kg	16㎡	반찬용, 간식거리
고구마	20kg	10㎡	간식거리
옥수수	50자루	20㎡	간식거리
콩	5kg	60㎡	밥밑용
잡 곡	5kg	40㎡	수수, 기장 등
배 추	30포기	20㎡	김장용
무	20개	10㎡	김장용
고 추	600g 10근	40㎡	풋고추 5그루
잎채소	2kg 10박스	6㎡	상추, 시금치, 들깻잎 등
토마토	15kg 2박스	8㎡	방울토마토, 토마토
호 박	20개	10㎡	애호박, 가지, 오이, 노각
과 수	15kg 4박스	60㎡	포도, 사과, 배
계		300㎡	

2 밭의 준비

농작물을 심기 전에 밑거름주기, 밭갈기, 이랑만들기의 순으로 먼저 밭을 준비해야 한다.

◾ 밑거름 주기

거름주기 → 흙뒤집기 → 평탄하게 고르기

- 밭을 갈기 전에 적당량의 거름(퇴비)을 밭 전면에 고루 뿌려준다

- 거름 주는 양은 토양의 비옥한 정도에 따라 달리해야 하지만 질소성분이 많지 않은 퇴비의 경우 보통 1㎡에 1kg을 넘지 않도록 한다(부록 참조).

- 작물에 따라 토양산도조정을 위해서 석회 (석회고토)를 100~200g/1㎡ 정도 뿌려준다.

석회는 2주전에,
퇴비는 1주전에 골고루 뿌려준다.

◾ 밭갈이(경운, 耕耘)

- 밭을 갈아주게 되면 공기가 잘 통하고, 퇴비가 토양과 잘 섞이게 되며, 뿌리가 뻗기 쉽고, 잡초가 줄어든다.

퇴비를 뿌린 후 한 삽 정도 깊이로 파서 뒤집어준다.

흙을 잘게 깨뜨리고 쇠갈퀴로 평평하게 골라준다.(두둑을 만들고 평탄하게 한다)

거름주는 방법과 양

- 식물은 흙으로부터 자라는데 필요한 양분을 얻는다. 가장 중요한 거름성분은 질소, 인산, 가리로서 흔히 비료의 3요소라고 한다.

- 유기농에서는 화학비료 대신에 가축의 똥, 깻묵, 쌀겨와 같은 재료로 만든 퇴비 또는 식물성 농업 부산물을 비료로 사용한다.

- 거름으로 쓸 재료는 3요소 성분이 충분하여야 하고, 부숙이 잘 된 거름을 사용하여 작물 뿌리를 상하지 않게 해야 한다.

〈표 2〉 거름 주는 양

종 류	질소	인산	가리	사용량(1㎡당)	설명
부산물비료 (퇴비)	1~2%	1%	2%	1kg이하	깻묵, 가축분 등을 미생물과 같이 부숙시킨 퇴비
유기질비료 (혼합유박)	3~5%	1~2%	2%	300g	이하깻묵, 쌀겨 등 부숙되지 않은 부산물로서 주로 웃거름용으로 사용

※ 퇴비 뿌리는 양은 퇴비부대에 표시된 양과 밭의 상태를 고려하여 뿌리는 양을 결정하되 유기질비료는 퇴비의 1/3정도 양만 쓰도록 한다.
※ 석회 : 작물에 따라 토양의 산도조절을 위해 100~200g/1㎡을 뿌려준다.

- 쌀겨나 깻묵(참깨나 들깨 기름을 짜고 남은 찌거기), 가축의 똥은 모두 좋은 거름재료이다. 하지만 바로 주게 되면 질소성분이 독해서 농작물이 피해를 받을 수 있기 때문에 볏짚 또는 톱밥과 잘 섞어 1차적으로 부숙하는 과정을 거치는데 이것을 퇴비화라고 한다.

- 부숙이 잘된 퇴비는 작물뿌리에 해를 주지 않고 농작물이 필요한 양분을 원활하게 공급해 준다.

- 퇴비를 뿌린 후 일주일에서 열흘이상 기다렸다가 작물을 파종하거나 정식하는 것이 안전하다.

■ 이랑 만들기

- 물 빠짐을 좋게 하기 위해 고랑을 파고 두둑을 만드는데 이것을 이랑만들기라고 한다.

- 이랑을 만들 때 보통 양쪽에서 손이 닿기 좋게 두둑의 폭은 1~1.2m 정도로 한다.

- 고추나 고구마와 같이 물 빠짐이 특히 좋아야 하는 작물들은 두둑을 40~50cm 폭으로 한 좁은 골이랑을 만든다.(작물별 이랑너비와 파종 간격은 부록 참조)

- 이랑을 만들 때는 괭이나 쇠갈퀴로 흙을 쳐서 올리고 마지막으로 쇠갈퀴로 다시 평탄하게 골라준다.

골이랑

평이랑

무경운 재배(밭을 갈지 않고 재배하는 방법)

- 수고스럽게 밭을 갈지 않고 재배하는 방법도 있는데 이것을 무경운(無耕耘, no tillage)이라고 한다.
- 무경운 재배를 하면 밭을 가는 수고를 덜 수 있을 뿐 아니라 땅속 환경이 자연조건과 비슷하게 되어 지렁이나 미생물이 잘 살 수 있는 환경이 만들어 진다. 또 흙에 떼알구조가 형성되어 부드러워지고 유기물이 유지되며 토양이 쓸려나가는 것도 방지된다. 잡초는 빛을 받아야 발아하기 때문에 땅속깊이 있는 잡초는 발아하지 못하는 효과도 있다.

경운재배한 토양

무경운재배한 토양

■ 멀칭

- 비닐이나 짚 등으로 작물이 자라는 땅을 덮어서 잡초 발생을 막고 수분 증발을 막으며 지온을 유지해주는 것을 멀칭이라고 한다.

- 3~4월에 이랑을 만들면서 멀칭을 하면 햇빛을 보지 못해 처음부터 잡초가 올라오지 않는다.

- 멀칭하는 재료로는 비닐이 가장 많고, 신문지를 두툼하게 여러 장 깔거나, 풀이나 짚, 왕겨, 부직포 등을 사용하기도 한다.

- 고추, 토마토, 오이 같은 작물은 비닐 멀칭을 해주면 관리가 수월해진다.

※ 왕겨나 짚을 깔아주면 잡초발생을 줄일 수 있고 보온도 된다. 실제로도 마늘을 재배할 때 비닐대신 왕겨를 깔아주기도 한다.
※ 흑색비닐멀칭 : 잡초를 확실하게 잡을 수 있는 방법이다.

왕겨, 나뭇잎으로 멀칭

고랑에 부직포로 멀칭

신문지로 멀칭

비닐로 멀칭

짚으로 멀칭

풀로 멀칭

3 씨뿌리기/모종심기

◘ 씨뿌리기

대부분의 작물은 직접 씨를 뿌리거나 모종을 구입해서 심을 수 있다.

- 씨앗은 농협이나 종묘상에서 구입하는데 한 봉지의 양이 많으므로 여러 집이 나누어 쓰면 좋다.
- 씨 뿌리는 깊이는 씨앗 크기의 3배정도 깊이로 심는다.
- 콩이나 수수 같은 종자는 새가 와서 먹어 버리는 경우가 많은데 이것을 막으려면 그물망을 쳐주어 보호한다.

점뿌림(콩 등)

땅콩 점뿌림

◘ 본 밭에 씨뿌리는 방법

① 작은 병이나 나무판 등으로 적당한 깊이로 골이나 구멍을 낸다.

② 줄뿌림 또는 점뿌림 방법으로 두세 알씩 씨앗을 넣고 종자크기의 세배정도 깊이로 흙으로 덮는다.

③ 물을 충분히 준다.

④ 새망을 쳐서 새로부터 보호해 준다.

＊ 줄뿌림을 하면 솎아내야 하기 때문에 점뿌림이 관리하기 편하다. 시금치 같은 것은 손쉽게 흩어 뿌림을 하고 빗자루로 쓸어주어 씨앗이 덮이도록 한다.

줄뿌림(당근, 상추 등)

흩어뿌림(시금치 등)

상추 줄뿌림

◘ 솎아내기

- 씨앗을 뿌려준 후 싹이 터서 떡잎이 올라오면 잎 모양이 기형이거나 웃자란 것을 솎아준다.

- 전체적으로 작물에 따라 알맞은 간격을 맞추어 솎아내기를 한다.

- 예를 들어 상추의 경우 1차(잎1~2매 때) 5cm, 2차(잎3~4매 때) 10cm, 3차(잎5~6매 때) 20cm 간격으로 솎아준다.

- 이때 포기사이 간격이 너무 좁으면 잘 자라지 못하므로 아깝더라도 솎아주어야 한다. 배게 심기는 것보다는 차라리 드문 것이 낫다.

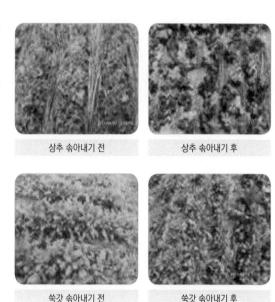

상추 솎아내기 전　　　　　상추 솎아내기 후

쑥갓 솎아내기 전　　　　　쑥갓 솎아내기 후

▣ 모종 기르기(육묘)

미리 모종을 길러 옮겨 심으면 관리하기도 편하고 솎기 작업을 하지 않아서 편하다.

- 모종은 본 밭에 옮겨심기 한 두 달 전부터 미리 준비해야 옮겨 심는 시기를 놓치지 않는다. 모종을 준비하지 못했다면 재래시장이나 종묘상에서도 구입할 수 있다.

- 배추나 상추 등은 모두 모종을 길러 옮겨 심는 것이 좋지만 뿌리를 먹는 무나 당근은 옮겨 심으면 뿌리가 상하므로 모를 기르지 않고 씨를 바로 뿌려 가꾼다.

- 모를 기를 때 플러그모판을 이용하면 매우 간편하다.

- 모판에 채울 흙은 보통 흙보다는 물이 잘빠지고 공기가 잘 통하며 거름기가 있는 상토를 사용하는데 농자재 파는 곳에서 구입한다. 이 또한 상토가 없다면 일반 흙에 퇴비를 약간 섞어서 육묘해도 상관없다. 흙 10kg에 퇴비 200g정도를 섞어서 사용한다.

- 온실이나 비닐하우스가 있다면 모종을 기르는데 아주 유용하다.

- 굳이 모판을 사용하지 않더라도 텃밭 한편에 모판을 만들어 씨앗을 뿌려서 육묘하기도 하는데, 모가 다 자라면 하나씩 뽑아서 본밭에 옮겨 심는다.

모종기르는 방법 : 플러그모판을 이용한 육묘

플러그모판에 상토를 채운다

볼펜이나 손가락으로
씨앗을 뿌릴 구멍을 낸다

씨앗을 두 세알씩 넣고
흙을 덮는다

싹이 트면 튼튼한 것으로 하나만
남기고 솎아낸다

＊ 물주기는 매일 또는 하루걸러 주어 마르지 않도록 하여야 한다.

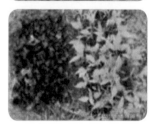

■ 모종 옮겨심기(정식)

모종이 적당히 자라면 본밭에 옮겨 심는다. 보통 떡잎을 제외한 새잎이 4~5매 정도 나왔을 때가 적당하다.

- 본밭에 적당한 간격을 띄고
  5~10㎝ 깊이로 구멍을 판다.
- 구멍에 물을 가득 채워준다.
- 물이 다 스며든 다음 모종을 세우고 포기
  아래가 조금 높아지도록 흙을 모아준다.
  이때 너무 세게 누르지는 않는다.

4 웃거름주기

- 고추나 토마토 같은 재배기간이 긴 작물은 양분이 모자라지 않도록 생육상태를 보아 한 달에 한번 정도 웃거름을
  준다.

- 웃거름을 줄 때는 전체 퇴비 주는 양에서 반 정도만 밑거름으로 주고 나머지는 웃거름으로 나누어 준다.

- 웃거름은 작물의 잎이 지면에 뻗은 위치에 작물을 중심으로 둥글게 파서 거름을 주고 흙을 덮는다.

5 버팀목세우기

토마토, 오이, 고추와 같이 키가 큰 작물들은 쓰러지지 않게 버팀목을 세워준다. 아래 그림과 같이 토마토나 오이는 삼각모양으로 엮어서 버팀목을 세워주고, 고추는 중간 중간 말뚝을 박아 끈으로 고정해주면 된다.

고추 버팀목   토마토 버팀목

6 물주기

우리나라 봄철은 비가 적게 와서 가뭄이 많이 들기 때문에 수시로 물을 주어야
한다. 이때 물주는 시설을 해 놓으면 아주 편리하다.

7 김매기/잡초관리

- 잡초는 크기 전에 뽑아주면 쉽게 잡을 수 있지만, 크게 자라면 아주 골칫 거리다. 여름철에는 2주정도만 지나도 밭이 엉망이 되어 버린다. 제때에 김매기를 해주는 것이 중요하다.

- 주말농장에서 제일 힘든 일 중의 하나가 김매기라고 하는데, 실제로 한여름 에는 잡초 뽑는 것이 아주 고역이다.

- 거친 두벌이 꼼꼼 애벌 보다 낫다는 말이 있다. 김매기는 잡초가 어릴 때 해주어야 힘이 들지 않는다. 김매기를 할 때는 쇠갈퀴로 긁어주거나 호미로 뽑아서 정리해 준다.

- 김매기를 해주면 토양이 너무 습하거나 건조해지는 것도 막을 수 있고, 흙을 부드럽게 하여 공기를 잘 통하게 해준다.

- 농민들은 보통 비닐로 피복을 하지만 비닐을 사용하는 것보다는 왕겨나 볏짚을 피복에 이용하면 더 친환경적이다.

- 왕겨나 볏짚피복(멀칭)은 잡초를 억제하면서 수분도 유지해준다. 이것이 또 썩으면 거름이 된다.

8 천연농약을 이용한 병해충관리

■ 유기농 흙 만들기

지렁이 분변토

- 화분 재배용 흙 만들기
  1) (흙 : 퇴비) : 균 배양체 = (75% : 25%) : 2%
  2) 흙 : 지렁이 분변토 = 3 : 1

- 가벼운 흙 만들기
  1) 원예용 상토 : 흙 : 퇴비 = 1 : 1 : 1
  2) (흙 : 퇴비) : 왕겨 = (50% : 50%) : 10%

- 화분 흙 재사용 하기
  1) 흙 5~10리터당 퇴비 1kg 혼합

■ 천연농약을 이용한 병해충관리

농작물이 건강하게 자랄 수 있도록 해주는 것이 가장 중요하지만 병해충이 발견되었거나 발생이 예상된다면 다음과 같은 천연물을 이용한 농약으로 응급조치를 할 수 있다.

난황유(식용유+계란노른자)

- 식용유는 병을 예방하거나 진딧물이나 응애 같이 작은 해충방제에 효과가 있다.
- 식용유를 계란노른자와 혼합하면 물과 잘 섞인다. 이렇게 만든 난황유를 농작물에 일주일 간격으로 뿌려주면 매우 효과적이다.

- 계란 노른자 1개와 식용유 60cc를 작은 컵에 넣고 물을 100cc 정도 넣은 다음 핸드믹서기로 5분 정도 갈아 준다.
- 만든 약제를 물 20 리터에 희석하여 1시간 이내 살포한다.

＊병발생전(0.3% 난황유) : 식용유 60㎖, 계란노른자 1개 ⇒ 물 20 ℓ
＊병발생후(0.5% 난황유) : 식용유 100㎖, 계란노른자 1개 ⇒ 물 20 ℓ

- 예방은 10~14일 간격으로, 치료목적으로는 5~7일 간격으로 살포하되, 잎의 앞뒷면에 골고루 묻도록 충분한 양을 살포해야 한다.

- 난황유를 오이 등의 새순에 과량으로 살포하면 생육이 억제될 수 있고, 꿀벌이나 천적에도 피해를 줄 수 있으므로 주의가 필요하다.

고추, 토마토 등 과채류 칼슘결핍 예방(생리장애 예방)

- 계란껍질 말린 것 200g과 현미식초 2리터를 혼합하여 2일간 보관 후 사용한다.
- 용기의 뚜껑은 열어둔다.
- 50~100배 희석하여 작물에 주기적으로 엽면 살포한다.

은행잎을 이용한 해충기피제 제조 및 사용방법

- 은행잎 1kg을 적당량의 물을 부어가면서 믹서기로 믹스를 한다.
- 거즈나 보자기에 걸러 꼭 짠다(은행잎즙)
- 분무기에 은행잎 즙을 모두 넣고 물을 가득 채워준다
- 석회보르도 액을 두컵반 분무기에 부어 은행잎 즙과 잘 섞어준다.
- 고추밭에 고추를 정식하여 활착이 되면 골고루 뿌려준다.
  진딧물, 담배나방(고추벌레), 탄저병, 역병 등 방제가 가능하다.
  단 은행잎 즙은 많을수록 효과가 좋으며 병충해가 오기 전에 자주 뿌려주면 완벽한 효과를 기대할 수 있다.

살충비누(물비누)

● 비누는 오래전부터 살충제로 이용되어 왔는데, 진딧물이나 응애 방제에 사용할 수 있다.

● 살충효과를 갖는 비누는 일반비누와 다른 지방산의 칼륨비누로, 연성비누라고도 하며 보통 물비누 형태이다.

● 해충이 비눗물을 맞게 되면 세포막이 녹아 죽게 되는데, 너무 고농도로 뿌리게 되면 농작물의 왁스 층도 파괴되어 해를 입을 수 있으니 주의해야 한다.

● 살충비누는 천연유지와 가성가리를 이용해서 물비누로 직접 만들어 쓰거나, 이런 방법으로 만든 주방용 물비누 등을 생활협동조합 등을 통해서 구입할 수도 있다. 일반 물비누는 합성 계면활성제 등이 들어있는 합성세제가 대부분이기 때문에 주성분이 천연유지와 가성가리인지를 확인해야 한다.

● 사용방법은 1~2티스푼의 물비누를 1리터의 미지근한 물에 잘 섞어주어 분무기로 옮겨서 살포하면 된다.

베이킹소다

● 베이킹소다는 흰가루병 등 곰팡이병 방제에 효과적이다.

● 베이킹소다 5g정도를 물 1리터에 타서 매주 뿌려준다.

미생물 농약

● 해충피해가 심할 때는 인체에는 무해한 미생물 농약을 사용하면 된다. 미생물농약은 일반 화학농약이 아니므로 유기농에서 사용할 수 있게 허용되어 있다.

● 그중에서도 BT제라고 하는 미생물농약은 나방류 해충(배추좀나방 애벌레 등)을 없애는데 매우 효과적이다. 농약상이나 인터넷을 통해서도 구입할 수 있다.

● BT미생물제는 나비목이나 딱정벌레의 장에 들어가서 출혈을 일으켜 해충을 죽게 만든다. 무당벌레에는 안전하다.

● 배추나 열무를 재배할 때 잎에 구멍이 숭숭 뚫리는 것은 배추좀나방이나 배추흰나비 애벌레 때문인데 이때 BT제를 뿌려주면 아주 효과적이다.

● 같은 종류 BT제만 계속해서 살포하면 내성이 생길 수 있으므로 난황유 등과 번갈아 뿌리거나 다른 회사 제품을 번갈아 친다.

기타 천연재료의 사용

- 고추씨, 마늘, 담배 등에 들어있는 살충작용을 갖는 성분을 추출해서 이용하는 방법도 있다. 이들 재료를 물이나 소주에 담궈놓아 추출한 다음 물에 희석해서 살포한다. 물 한컵에 담배꽁초 두세 개를 넣어 두 시간 정도 우려낸 물을 분무기에 넣어 뿌려주면 된다.

- 우유나, 요구르트, 막걸리 등도 희석해서 살포하면 진딧물이나 흰가루병 방제에 도움이 된다.

- 목초액은 우리나라의 유기재배 농가에서 많이 사용하고 있지만 효과는 그리 좋은 편은 아니다. 목초액은 산성이기 때문에 생육이 억제된다.

손으로 잡는 방법

- 해충은 보는 대로 손으로 잡는 것이 제일 좋다. 손으로 잡는 것보다 끝이 뾰족한 나무 젓가락을 사용하면 좀 더 쉽게 잡을 수 있다.

- 차량용 진공청소기를 이용해 보는 것도 좋은데, 외국에서는 농업용으로 시판하는 해충방제용 진공흡입기도 판매된다고 한다.

민달팽이 피해

- 상추 등 잎을 먹는 채소를 재배하다 보면 껍질이 없는 민달팽이가 가끔 나온다. 민달팽이는 생김새도 징그럽지만 새싹을 잘라먹거나 어린잎을 먹어 구멍을 낸다.

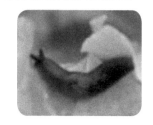

- 민달팽이는 막걸리나 맥주로 유인하면 잘 잡히는데, 맥주를 작은 용기에 50㎖(소주잔 1잔정도)를 담고 담배 1개비 가루를 섞어서 저녁 무렵 밭에 놓으면 밤새 민달팽이가 빠져 죽는다.

9 수확하기

직접 기른 농산물을 수확하는 기쁨은 무엇과도 비교할 수 없다. 농산물을 거두는 요령을 알아보자.

잎채소

- 상추나 치커리 등 잎채소는 일주일에 한번 정도 잎을 따주는 것이 적당하다.
- 채소는 오전에 수확하는 것이 좋은데, 낮에 식물체 온도가 올라가면 호흡이 많아져 쉽게 시들거나 영양분이 손실되기 때문이다.
- 상추 등 쌈채소는 잎을 딸 때 되도록 바짝 따주는 것이 좋다. 그래야 상처를 통해서 병에 감염되지 않고 계속해서 잘 자란다.

열매채소

- 과채류 열매는 익는대로 바로 수확하는 것이 좋다.
- 열매를 제 때에 수확하지 않으면 열매로 양분이 집중되기 때문에 그 다음에 맺힌 열매들이 제대로 크지도 못하고 떨어져 버린다.
- 토마토나 오이 등은 계속해서 위로 자라므로 키 2m 이내에서 윗 순을 쳐서 더 이상 자라지 못하게 해준다.

뿌리채소

- 감자는 잎이 완전히 말라서 누렇게 되었을 때 수확하며, 고구마는 첫서리가 올 때 수확한다.
- 감자, 고구마는 흙속에 들어있어 잘 보이지 않으므로 삽이나 호미로 줄기 주변을 깊이 파서 조심스럽게 캐내도록 한다.
- 나물로 먹는 고구마 순은 잎이 무성하게 자란 쪽 줄기를 잘라낸다.
- 무나 당근은 잎을 잡고 위로 쑥 뽑아 올리면 된다.

콩

- 잎이 반 정도 노랗게 변했을 때 수확하게 된다. 너무 늦으면 꼬투리가 터져서 콩알이 튀어나간다.
- 콩을 밭에서 거둔 뒤 1주일가량 말린 다음 바닥에 거적을 깔고 도리깨질을 해서 콩알을 털어내고 키질을 해서 콩만 모은다.
- 수확하고 남은 콩대나 옥수수대, 열매채소의 잎, 줄기 등은 다시 밭에 넣어 두면 훌륭한 거름이 된다. 밭 한쪽 구석에 퇴비더미를 만들어 쌓아 두었다가 이듬해에 사용해도 좋다.

도시농업 텃밭채소

PART 3 작물 재배법

01

가지

- 학 명 : *Solanum melongena* L.
- 영 명 : Eggplant, Common eggplant
- 중국명 : 가(茄), 가자(茄子)
- 원산지 : 인도 동북부

재배특성

- 발아적온 : 25~30℃, 낮 30℃, 밤 25℃로 하면 발아가 촉진됨
- 생육적온 : 22~30℃
- 생육 장해온도 : 17℃이하, 40℃이상
- 토양 : 토심이 깊고 물 빠짐이 좋은 토양이 좋음
- 토양산도 : pH 6.0 정도의 약산성 또는 중성이 좋음
- 광적응성 : 광포화점 약 4만 lux로 다른 과채류에 비하여 낮은 편임
- 유기물시용 : 유기질 비료를 충분히 시용

재배작형(노지재배)

구분	1월	2월	3월	4월	5월	6월	7월	8월	9월	10월	11월	12월
노지 재배												

※ ▢ 파종, ▨ 정식, ■ 수확

- 파종 : 2월초~4월초
- 정식 : 4월중~5월중순
- 수확 : 7월중~ 10월 말

심는방법

이랑 만들기

- 거름주는 총량(kg/10a)
  - 요소 : 60~90
  - 석회 : 240
  - 퇴비 : 3,000
  - 용성인비 : 48~75
  - 염화가리 : 42~50

- 이랑을 만들기 전에 퇴비와 밑거름 비료를 넣는다.
- 이랑 만들기는 아래 그림처럼 재배 형태에 따라서 두둑과 고랑 폭을 결정하여 만드는데, 물빠짐이 좋은 땅은 2줄 재배하고, 물빠짐이 안 좋은 땅은 1줄 재배한다.
  - 두둑 : 100cm, 고랑 : 100∼120cm
  - 재식간격 : 100×50cm
- 두둑을 비닐이나 부직포로 피복하면 지온이 높아져서 활착이 빠르고 잡초제거 노력과 관수노력을 절감할 수 있는 이점이 있다.

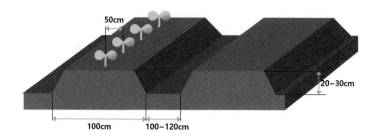

씨 뿌리기

- 가지종자는 싹이 트는데 비교적 많은 시간이 소요되므로, 소독된 종자를 미리 싹을 틔워 파종하는 것이 좋은데, 30℃정도의 따뜻한 곳에 습한 상태로 두면 어린싹이 보인다.
- 플러그 트레이, 비닐포트, 플라스틱 상자 등에 원예용 상토를 80∼90%정도 채운 뒤, 싹이 튼 씨를 뿌리고 종자가 보이지 않을 정도로 상토를 덮어준 후, 물을 충분히 주고 신문지로 덮어주면 6∼7일 후 발아하기 시작한다.

묘 기르기

- 묘 기르는 기간 : 70∼80일
- 묘 기르는 온도 : 낮 26∼30℃, 밤 18∼20℃

모종심기

- 심고 나서 임시 대나무 등으로 지주를 세워 줄기를 곧게 유인하여 주면 뿌리가 빨리 내리고 비바람에 넘어지는 것을 방지할 수 있다.
- 땅 온도가 17℃이상 되어야 활착이 잘된다.

• 햇볕이 좋고 기온이 높은 날을 택해 심는다.

 일반관리

• 재배온도 : 낮 25~28℃, 밤 15~17℃
• 지주대 세우기 : 가지 모종을 심은 다음 150cm 정도의 대나무, 각목 플라스틱 등을 이용한 막대를 세우고 부드러운 비닐끈으로 가지 줄기를 묶어준다. 가지는 햇빛을 좋아하는 작물이기 때문에 가지를 넓게 벌려 햇빛을 잘 받도록 해준다.
• 잎 따기 : 가지는 기르면서 아랫잎을 따 주어 바람이 잘 통하게 해 주어야 병에 걸리지 않고 튼실한 가지를 생산할 수 있다. 또한 생리장해나 병든 잎, 그리고 늙은 잎은 일찍 따 주도록 한다.
• 물관리 : 비가 내리지 않을 때는 보통 4~5일 간격으로 물을 준다. 비가 자주 내릴 때는 물이 잘 빠지도록 배수로를 깊게 만든다. 토양에 물이 너무 많으면 가지의 뿌리가 썩고 병 발생도 많아진다.

 병해충 방제

• 주요병해 : 풋마름병, 시듦병, 역병
• 주요충해 : 진딧물, 응애, 총채벌레, 담배가루이
• 병은 일단 발생하면 방제하기가 어렵기 때문에 같은 장소에 가지과 작물(고추, 가지, 토마토, 감자 등)을 계속해서 재배하지 않도록 한다. 주변의 잡초는 빨리 뽑아 없애고, 비료를 너무 많이 주지 않도록 하며, 가지 밭에 물이 잘 빠지도록 관리한다.

 수확 후 관리법

• 과실수확은 개화 후 20~35일 전후에 수확하며, 이때 과실무게는 80~100g정도이다.
• 수확이 늦어지면 과실이 단단해져 맛이 없어지고 전체 수량이 적어진다.
• 수확은 기온이 낮은 오전이 좋으며, 기온이 높은 오후에 수확하면 저장성이 크게 떨어진다.
• 과실이 상처를 받으면 갈색으로 변색되어 흉하게 된다.

• 저장온도는 10~12℃ 정도가 좋으며, 온도가 이보다 낮으면 저온장애로 과실이 상해서 광택이 없어지고 저장성이 떨어진다.

 재배 Tip

• 기르는 Tip
    − 모종을 직접 기르는 것보다 가까운 화원에서 우량모종을 사다 심는 것이 좋다.
• 좋은 모종 고르는 Tip
    − 줄기가 곧고 도장하지 않은 묘
    − 뿌리가 잘 발달하여 잔뿌리가 많고 밀생되어 있는 묘
    − 노화되지 않고 병해충 피해가 없는 묘
    − 꽃이 1~2개 피어 있고 꽃이 크며 꽃눈이 많은 묘
• 거름주기 Tip
    − 밑거름으로 주는 거름은 심기 1주일 전에 준다.
    − 유기질 퇴비와 인산질 비료는 모두 밑거름으로 주고, 질소와 칼리질 비료는 절반을 웃거름으로 사용한다.
    − 웃거름은 심고 나서 20~25일 간격으로 포기 사이에 흙을 파서 준다.
• 심는 Tip
    − 모종 흙 높이 보다 얕게 심어야 뿌리 활착이 빠르고 병에 잘 걸리지 않으며, 심은 후 물을 충분히 주어 시들지 않도록 해준다.

02	• 학 명 : *Solanum tuberosum* L.
	• 영 명 : Potato
감자	• 중국명 : 마령서(馬鈴薯)
	• 원산지 : 안데스 산맥

 ## 재배특성

- 발아적온 : 15~18℃
- 생육적온 : 14~23℃
- 토양 : 토심이 깊고 물 빠짐이 좋은 토양
- 품종 : 봄 재배용(수미, 하령), 남부지방 2기작용(대지, 추백, 추동), 컬러감자(자영, 홍영)

 ## 재배작형(노지재배)

구분	1월	2월	3월	4월	5월	6월	7월	8월	9월	10월	11월	12월
노지 재배												

※ ▨ 씨감자 준비 및 싹 틔우기, ▧ 정식, ■ 수확

- 씨감자 준비 및 싹틔우기 : 2월말~3월중
- 정식 : 3월말~5월중
- 수확 : 7월초~10월말

 ## 심는방법

(이랑 만들기)

- 밭을 준비한다.
- 먼저 20cm 정도로 깊게 밭을 갈고 흙덩이를 부수어준다. 퇴비, 비료와 살충제를 섞어 뿌린 후 이랑을 만들고 감자를 심는다.

- 감자는 재배기간이 짧기 때문에 밑거름만 주고 덧거름은 주지 않는다. 밑거름 주는 양은 봄 재배시 완전히 썩은 퇴비 2톤/10a 과 질소-인산-칼리를 10-10-12kg/10a 주는 것이 원칙이지만 지금은 감자전용 복합비료가 시판되고 있다. 따라서 1m²당 퇴비 2kg과 감자전용 복합비료 100g의 비율로 고루 뿌려준다.

모종 심기

- 감자를 심을 때에는 이랑 위에서 모종삽을 이용하여 구멍을 내고, 자른 씨감자를 한쪽씩 넣어 주되 5cm 정도로 깊게 심어준다.
- 씨감자의 절단면이 아래쪽으로 가게 하여 싹이 빨리 나오게 한다.
- 두둑의 넓이는 70cm, 고랑의 넓이는 30~40cm로 주고 재식간격은 50×20cm로 심는다.
- 감자를 심은 후 감자보다 먼저 풀이 자라게 되므로 싹이 나오기 전까지 호미나 삽을 이용하여 풀을 없애준다.

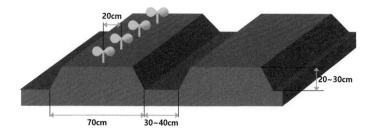

 일반관리

- 감자를 심고 20~30일이면 감자싹이 나오기 시작한다. 멀칭하지 않은 경우 감자싹이 10cm 정도 자랐을 때 1차 북주기를 하고 10~15일쯤 지나 한번 더 북을 준다. 북을 줌으로써 풀을 제거하고 땅속에 감자가 자랄 수 있는 공간을 확보할 수 있다.
- 비닐 멀칭을 한 경우에는 감자싹이 나올 때 구멍을 넓혀 주어 감자싹이 밖으로 완전히 빠져 나올 수 있도록 한다. 또 감자싹이 5cm 정도로 자라면 비닐 안에 흙을 충분히 채워 주고 구멍을 흙으로 메워 주어 잡초가 자라지 못하고 감자가 앉을 수 있는 공간을 확보해 주어야 한다.

- 감자싹이 5cm 이상 자라면 감자싹 중 한 두개만 남기고 나머지는 정리해 주어야 덩이줄기가 커지는데 지장이 없다.

북주기 후 생육

- 감자는 다른 작물에 비해 물을 많이 필요로 하는 작물은 아니지만 감자싹이 올라올 때와 감자 꽃이 피면서 감자가 굵어질 때에는 물을 많이 필요로 한다. 그러므로 감자를 심은 후 싹이 올라올 때와 꽃이 피는 시기에는 물을 충분히 주는 것이 좋다. 보통 모래땅에서는 3～4일에 한번, 참흙에서는 일주일에 한번 정도 정기적으로 흠뻑 물을 주어야 한다.
- 감자를 캐기 10～15일 전부터는 감자에 영양성분이 축적되고 표면이 굳어지도록 하기 위하여 물주기를 중단하여 수확하기 편하게 한다.

병해충 방제

- 우리나라 봄감자 재배에서는 병이 많이 발생하지는 않는다. 하지만 피해를 많이 주는 병해는 역병과 흑지병(검은 무늬 썩음병)이다.
- 역병 – 온도가 낮고 습도가 높은 경우 역병 발생에 좋은 조건이 되므로 무병 씨감자를 선택하고 예방위주로 방제를 하며, 발병시에는 침투성 살균제를 1주일 간격으로 살포하여 방제한다.
- 흑지병 – 감자 싹이 땅속에서 터서 지상으로 나오는 동안 땅속의 흑지병균에 의하여 피해를 받아 흑갈색으로 변하거나 고사한다. 생육중기에는 지제부(줄기 아래부분) 조직을 상하게 하고 지상부의 겨드랑눈(액아)에 혹이 형성되는 병으로, 병이 없는 씨감자를 선택하여 감자에 등록된 소독 약제로 소독을 하고 햇볕을 이용한 싹틔우기를 실시하여 심

도록 하되, 발병되는 토양에는 연작을 피하고 돌려짓기(윤작)로 예방을 해야 한다.

- 큰28점박이무당벌레 – 감자잎이 한창 자랄 때 28점박이무당벌레가 자주 출몰하여 감자 잎을 사정없이 갉아먹어 막대한 피해를 입히고, 알을 까서 다른 작물(가지, 토마토, 오이 등)에 까지 옮겨가며 극성을 부린다. 그러므로 이 해충이 보이는대로 손으로 잡아 처치 하고 작물의 잎 뒷면을 확인하여 낳아 놓은 알까지 문질러 제거해 주거나 또는 살충제를 살포하거나 황색 끈끈이를 설치하여 방제한다.

 ## 수확 후 관리법

- 감자수확에 적합한 시기는 감자잎이 누렇게 마르는 황엽기에서 줄기가 말라죽은 고엽기 사이이다. 보통 6월 하순~7월 상순에 감자를 수확하게 되는데, 장마철과 겹치므로 조금 일찍 캐거나 비가 오지 않을 때를 이용하여 수확한다.
- 수확한 감자는 그늘에서 말리면서 썩거나 병든 감자를 골라낸 후 저장하여야 한다. 일주 일 정도 바람이 잘 통하고 어두운 곳에서 잘 말린 감자는 냉장고에 저장하거나 빛이 들 지 않고 서늘한 밀폐되지 않은 곳에 두고 저장한다.
- 감자가 빛을 많이 쏘여 파랗게 변한 것은 글리코알칼로이드라는 유독성분이 있으므로 먹거나 가축사료로 사용해서는 안된다.

03 강낭콩	• 학 명 : *Phaseolus vulgaris* L. • 영 명 : Bean, Common bean, Kidney bean • 중국명 : 채두(菜豆), 운두(雲豆) • 원산지 : 멕시코, 과테말라

 ## 재배특성

- 발아적온 : 26~37℃
- 생육적온 : 10~25℃(고온에서 개화 촉진)
- 토양 : 수분을 잘 보유하고 물 빠짐도 잘되는 양토~사양토가 좋음
- 토양산도 : pH 5.5~6.8
- 토양수분 : 습해를 쉽게 받으므로 배수에 관심을 가져야함

 ## 재배작형(노지재배)

구분	1월	2월	3월	4월	5월	6월	7월	8월	9월	10월	11월	12월
노지재배 (육묘)				파종	정식	수확	수확					
노지재배 (직파)					파종	수확	수확					

※ ■ 파종, ■ 정식, ■ 수확

- 노지재배(육묘) – 파종 : 4월중, 정식 : 5월중, 수확 : 6월초~7월말
- 노지재배(직파) – 파종 : 5월중, 수확 : 6월중~7월말

품종 선택

- 왜성종 : 직립형이고 생육기간이 50일 내외로 짧다. 만성종에 비하여 고온에 약하고 저온기에 열매가 잘 달리는 품종이 많다.
- 덩굴성 : 덩굴성이고 비교적 고온과 병해에 강하다. 키가 크고 측지의 발생이 많아 생육

기간과 수확기간이 길며 수량성도 높다. 저온기에는 열매가 잘 안 달리고 고온에 비교적 강하여 고온기의 노지에서 비교적 긴 기간의 재배에 적합하다.

 심는방법

이랑 만들기

- 거름주는 총량(kg/10a)-노지재배
  - 요소 : 100
  - 용성인비 : 400
  - 염화가리 : 100
  - 고토석회 : 100
  - 퇴비 : 2,000
- 정식하는 곳은 관리하기 편하고, 찬바람을 막아줄 수 있는 양지바른 곳을 택한다.
- 비가 많이 오거나 건조할 때 피해를 방지하도록 경운을 깊게 한다.
- 두둑너비는 100~120cm, 통로는 30~40cm로 하고 높이는 10~15cm로 주며, 재식간격은 50×30~35cm가 적당하다.
- 강낭콩은 같은 장소에서 계속 재배하면 탄저병 발생이 많아져 생육이 불량해지고 수량이 감소되기 때문에 같은 장소에서 재배하고자 한다면 2~3년 정도 다른 작물을 재배한 후 다시 심는다.

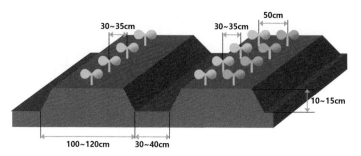

씨 뿌리기 및 모종심기

- 바로 뿌리기의 경우 한 곳에 씨를 4~5개 뿌리고 3cm 두께로 흙을 덮은 후 손바닥으로 가볍게 누른다.
- 재식밀도 : 2~3립씩 점파를 하고, 복토는 3cm 정도로 한다.

일반관리

- 솎음질 : 싹이 튼 다음 떡잎이 전개될 때 생육이 불량하거나 병이 든 개체를 제거하며 1포기 1~2본으로 한다.
- 지주세우기
  - 덩굴성 : 파종 전에 지주를 세우는 것을 원칙으로 하되, 가능한 지주를 빨리 세우는 것이 작업효율이 높고 식물체의 손상이 적다. 보통 본엽1~2매가 전개되면 유인한다.
  - 왜성종 : 지주를 세울 필요가 없으나 지나치게 무성할 경우 쓰러지기 쉬우므로 지주를 세워 주는 것이 좋다.
- 수분관리
  - 물주기는 맑은 날 오전 아침에 하는 것이 좋으며 꽃이 필 때까지는 토양을 다소 건조한 상태로 관리한다.
  - 꼬투리가 생긴 이후에는 꼬투리의 신장과 비대에 수분이 많이 필요하므로 10~15일 간격으로 충분히 물을 준다.

병해충 방제

- 모자이크병 : 4종의 병원 바이러스가 있으며, 증상은 잎에 뚜렷한 모자이크 증상을 보이거나 잎이 위축되는 병징을 나타낸다. 종자전염이 되며 진딧물이 매개충이므로 건전한 종자선택과 진딧물 방제가 중요하다.
- 탄저병 : 잎의 꼭지와 잎맥에 병반이 생기고, 잎 뒤의 잎맥은 다소 위축되며 갈색을 띤다. 꼬투리의 병반은 처음에는 작은 반점이 생기고 점차 크고 둥글게 되며, 병반의 중심부가 암갈색에 흑색으로 변한다. 오래되면 병반부에서 살색과 비슷한 점질물이 나오는데 이것은 포자덩어리고 빗물에 의해 전파된다. 기온이 22~23℃ 정도이고 비가 내리는 습한 조건에서 발생이 심하다. 발병을 예방하기 위해서는 살균제로 파종 전 종자소독을 하고, 지주대 등을 소독한다. 포장 약제 살포는 10일 간격으로 2~3회 실시한다.
- 녹병 : 잎에 청백 반점을 만들고 적갈색 분말이 날리며, 꼬투리에서는 병반이 상당히 크게 부풀어 보인다. 약제는 탄저병에 준한다.

수확 후 관리법

• 수확기는 보통 꽃이 핀 후 25~30일 정도 경과되어 꼬투리가 변색 될 때이며, 왜성종은 일시에 수확하지만 덩굴성은 여러 번에 걸쳐서 장기간 수확한다.

 ## 재배 Tip

• 기르는 Tip
  - 병해충이 없는 충실한 종자를 선택하고 살균제로 종자소독을 실시하는 것이 좋다. 파종기는 수확예정기로부터 반대로 계산하여 결정하는데, 서리피해의 위험이 없는 한 일찍 파종하는 것이 바람직하다.

• 거름주기 Tip
  - 어린 꼬투리를 수확하는 강낭콩은 단기간에 급속 생장하므로 시비법에 따라서 생육상태, 수량의 다소 및 품질 등이 좌우된다.
  - 일반적으로 두과작물은 근류균이 공기중의 질소를 고정하기 때문에 소량의 질소비료로도 재배 가능하지만 강낭콩은 다른 두과작물에 비하여 근류균의 착생시기나 증가가 늦은 것이 특징으로 질소의 요구량이 높다.
  - 생육초기의 질소시비는 초기의 경엽을 많게 하고, 분지를 촉진시키며, 측지수 및 개화, 착협 등을 증가시키는 효과가 있다.
  - 특히 만성종 품종은 생육기간이 길고 영양생장과 생식생장의 병행기간이 길기 때문에 다른 두과작물에 비하여 질소 증시의 의의가 크며 분할하여 추비를 주어야한다.
  - 가리비료는 생육초기부터 경엽의 흡수량이 많고 특히 착협 후는 잎에서 생성된 동화전분이 꼬투리로 이행되는 것을 돕기 때문에 중요한 비료이다.

• 물주기 Tip
  - 토양수분은 개화까지는 토양을 다소 건조한 상태로 관리하지만 수확기에는 물 요구량이 많다.
  - 과다하게 건조 상태에서는 꼬투리의 신장과 비대가 억제되므로 주의해야한다.
  - 관수는 맑은 오전 아침에 하고 하우스의 촉성재배나 반촉성 재배는 오후에 관수할 경우 지온의 저하 또는 하우스내의 습도를 상승시켜 병해의 발생을 조장할 수 있으므로 주의해야한다.

| 04 고구마 | • 학 명 : *Lpomoea batatas* L.
• 영 명 : Sweet potato
• 중국명 : 감서(甘薯)
• 원산지 : 아메리카 대륙 열대지역 |

 ## 재배특성

- 발아적온 : 30~33℃, 싹이 자랄 때 23~25℃
- 생육적온 : 15~35℃, 온도가 높을수록 생육이 왕성
- 토양 : 비탈지고 물빠짐이 잘되어 토양통기가 양호한 사질토양
- 비료량(kg/10a)

요소	용과린	황산가리	퇴비
12	31.5	26	1,000

※ 주의사항 : 질소성분이 많고 가리성분이 적을 경우 지상부만 무성하게 자라고 고구마의 수량이 적을 수 있음
 (질소와 가리의 비율이 약 1:3정도)

 ## 재배작형(노지재배)

구분	1월	2월	3월	4월	5월	6월	7월	8월	9월	10월	11월	12월
노지 재배												

※ ■ 씨고구마 묻기, ■ 정식, ■ 수확

- 씨고구마 묻기 : 3월중~4월중
- 정식 : 5월중~6월중
- 수확 : 10월

🌱 심는방법

이랑 만들기

- 이랑을 만들기 전에 퇴비와 밑거름 비료를 넣는다.
- 삽, 괭이, 경운기 등을 사용하여 15~20cm 깊이로 뒤엎어 갈아준다.
- 두둑은 아래 그림과 같이 두둑은 75cm, 고랑은 30~40cm, 두둑높이는 25~30cm 정도로 만들어준다.

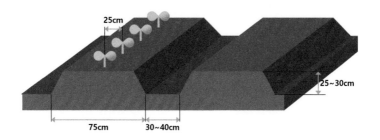

품종

- 육질이 분질(밤고구마)의 고구마 : 율미, 신율미, 진홍미, 신건미, 고건미
- 점질중간질(물~중간고구마)의 고구마 : 증미, 연황미, 건풍미
- 생식용 주황색 고구마 : 신황미, 주황미
- 자색고구마 : 신자미

묘 기르기

- 씨고구마 묻는 시기 : 3월 중순~4월 상순
- 위치 : 방풍이 잘 되고 볕이 잘 들며 배수가 잘 되어 침수의 우려가 없는 하우스, 일반밭, 텃밭공터
- 썩지 않은 고구마를 지면보다 약 5cm 정도 낮게 파고, 씨고구마 끼리는 서로 닿지 않을 정도로 묻되, 줄과 줄 사이는 5cm 정도가 되게 한다
- 씨고구마 위로 1cm 정도 흙을 덮고 충분히 관수한다.
- 씨고구마 소요량 : kg/10a당 60~100kg

묘자르는 위치

묘 자르기

- 묘를 자를때는 25~30cm(6마디 정도)로 묘의 밑동부분 5~6cm(3마디 정도)를 남기고 자른다.
- 묘를 자른 후 10a당 요소 10g을 뿌리고 관수하면 다시 싹이 잘 자란다.
- 자른묘는 15℃정도에서 2~3일간 보관 후 본밭에 심으면 활착이 빠르고 생육이 왕성하다.

고구마 심기

- 시기 : 5월중순~ 6월중순
- 심는 방법 : 25cm 간격으로 수평심기, 개량수평심기

수평심기

개량수평심기

일반관리

- 심은 묘가 시들거나 고사하면 즉시 새로운 묘를 다시 심는다.
- 생육초기인 40~60일 동안, 묘가 자라서 두둑을 덮기 전까지는 잡초제거에 노력한다.
- 생육이 왕성하도록 토양수분이 부족하지 않게 관리한다.

수확 후 저장

- 시기 : 삽식후 120일 내외
- 방법 : 덩굴을 제거하고 호미, 삽, 경운기 등 수확기를 이용하여 고구마가 상처 나지 않게 캔다.
- 수확한 고구마는 표면의 흙을 제거하고 수분을 충분히 말린 후 종이상자, 플라스틱 상자

등에 넣어 저장한다.
- 저장온도 : 12~14℃
- 저장습도 : 85~90%

 ## 재배 Tip

- 기르는 Tip
  - 심을 때 잎이 떨어지지 않도록 하며 맨 위에서 4~6마디가 땅속에 묻혀야 고구마가 많이 달리게 된다.
  - 묘는 얕게 심는 편이 고구마 형성에 좋으나, 건조하기 쉬운 밭에는 다소 깊이 심는다.
- 좋은 모종 고르는 Tip
  - 모래가 많은 사질토양에서는 지온이 빨리 높아져서 건조하여 활착이 나쁘므로 다소 굳은 묘를 선택한다.

05 고추

- 학 명 : *Capsicum annuum L.*
- 영 명 : Pepper, Chili pepper
- 중국명 : 랄초(辣椒), 번초(蕃椒), 당초(唐椒)
- 원산지 : 아메리카 대륙

 ## 재배특성

- 생육적온 : 주간 25~30℃내외, 야간 15℃이상
- 생육 장해온도 : 15℃이하, 30℃이상에서는 정상적인 생육조건의 범위를 벗어나 생육지연, 착과불량 등의 문제가 발생될 수 있음
- 토양 : 특별히 가리지는 않는 편이나 물 빠짐이 좋고, 유기물이 풍부한 토양
- 토양산도 : pH 6.0~6.5정도의 약산성이 좋음
- 광 적응성 : 광포화점 약 3만lux, 광보상점 2~3천lux로 다른 과채류에 비하여 낮은 편임
- 비료 시용 : 재배기간이 길어 전 재배기간 동안 필요로 하는 비료의 양이 많은 편이나 한번에 많은 양의 비료를 주는 것은 좋지 않음

 ## 재배작형

구분	1월	2월	3월	4월	5월	6월	7월	8월	9월	10월	11월	12월
재배												
시설재배												

※ ▨ 파종, ▨ 정식, ▨ 수확

- 재배
  - 파종 : 1월말~2월말
  - 정식 : 4월말~5월초
  - 수확 : 7월중~10월말

- 시설재배
  - 파종 : 12월중
  - 정식 : 2월초
  - 수확 : 2월말~6월말

- 노지재배용 고추는 육묘기간이 60~80일 정도 소요되고, 늦서리가 지난 후에 본 밭에 옮겨 심어서 재배 관리한다.
- 비닐하우스를 이용한 재배를 할 때는 온도관리가 중요한데, 야간에서는 15℃이하로 내려가지 않도록 관리를 하고, 낮에는 30℃가 넘지 않도록 보온 및 환기를 잘 해주면서 관리한다.
- 고추수확은 풋고추는 꽃이 핀 후 15일 전후, 붉은 고추는 꽃이 핀 후 45일 전후가 지나면 수확이 가능하다.

심는방법

- 고랑사이의 간격은 이랑을 합쳐 약 100cm 또는 120cm 정도로 골을 타고, 두둑높이는 20~30cm 정도 높게 하고, 비닐을 피복하여 한 줄 또는 두 줄로 심는다.

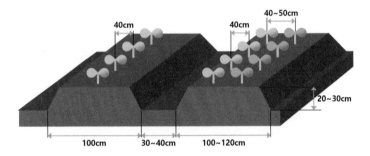

- 포기사이의 거리는 40~50cm 정도로 가능한 넓게 심고, 정식 후에는 바람에 고추 포기가 넘어지지 않도록 유인줄을 쳐서 관리한다.
- 심는 깊이는 육묘 중에 심었던대로 심고, 너무 깊이 심거나 얕게 심지 않도록 주의한다.

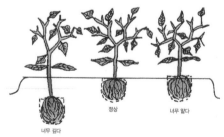

정식 시 심는 깊이

일반관리

- 햇빛은 가능한 많이 받을 수 있도록 관리한다.
- 물주기는 너무 건조하거나 습하지 않도록 관리를 하되, 특히 물이 늘 뿌리에 고여 있지 않도록 특별히 주의한다.
- 비료는 심기 전에 밑거름을 주고, 생육이 진행됨에 따라 3~4회 걸쳐 웃거름을 주는데, 웃거름은 질소와 칼리질 비료만 한 달 간격으로 주면 된다.
- 10a당 퇴비 3000kg, 요소 41kg, 용성인비 56kg, 염화가리 25kg, 고토석회 150kg
- 퇴비, 용성인비, 고토석회는 모두 밑거름으로 시용하고, 요소와 염화가리는 50%씩 나누어 밑거름과 웃거름으로 사용한다.
- 토양관리는 물이 잘 빠질 수 있도록 항상 주의를 하고, 잡초 방제를 위해 비닐멀칭을 하여 관리한다.

 병해충 방제

- 주요병해 : 역병, 탄저병, 흰가루병, 바이러스병 등
- 주요충해 : 진딧물, 총채벌레 등
- 고추는 병해충에 약하여 재배기간 중 다양한 병해충이 발생하므로 세심한 관찰이 필요하고, 예방 위주의 약제 살포가 병해충으로부터의 손실을 줄일 수 있음
- 고추역병은 병원균이 토양 속에 존재하면서 물을 따라 이동하므로 고추 밭이 물에 잠기지 않도록 주의한다.
- 고추 탄저병, 흰가루병의 병원균은 비바람을 따라 포자가 옮겨지므로 병에 걸린 과실이나 잎은 조기에 제거하고 예방위주로 약제를 살포한다.
- 바이러스병은 진딧물 등의 해충들이 병원균을 옮기므로 진딧물 등 해충방제에 주의한다.
- 진딧물이나 총채벌레는 바이러스병을 옮기므로 식물체 생육 장해의 원인이 된다. 발생 초기부터 잘 관찰하여 약제를 살포하여 방제해야한다.

수확 후 관리법

- 수확방법 : 풋고추는 꽃이 핀 후 15일 전후하여 과실이 충분히 커지고, 너무 맵지 않게 되었을 때 수확하고, 홍고추는 가능하면 나무에서 충분히 익은 것을 수확하여 말려야 색이 좋은 고춧가루를 만들 수 있다.
- 수확한 풋고추는 5~7℃, 상대습도 90% 정도의 조건에서 저장하는 것이 좋고, 홍고추는 수확 후 건조기나 태양열을 이용하여 건조하여 보관한다.

 ## 재배 Tip

- 기르는 Tip
  - 늦서리가 지난 후 적기(5월경)에 심는 것이 중요하다.
  - 적기보다 일찍 심을 경우 저온으로 활착이 불량하고, 늦게 심을 경우 고온으로 뿌리 내림이 불량하여 여름철 고온, 건조 피해를 받을 수 있다.
  - 토양이 지나치게 건조하거나 습하지 않아야 생육이 양호하고 수확량이 늘어난다.

- 좋은 모종 고르는 Tip
  - 병해충의 피해가 없고 웃자라지 않은 것이 좋다.
  - 지상부의 생육과 뿌리의 균형이 잘 잡혀 있는 묘가 좋다.

- 거름주기 Tip
  - 고추는 재배기간이 길고, 온도와 햇빛만 충분하면 계속 자라면서 열매를 맺을 수 있으므로 웃거름을 적기에 주어 비료가 모자라지 않도록 관리한다.

- 심는 Tip
  - 뿌리가 너무 깊지 않게 육묘기에 심었던 깊이만큼 가능한 얕게 심어야 뿌리활착이 빠르고 역병 등에 잘 걸리지 않는다.
  - 심은 후에 물을 충분히 주어 시들지 않게 하여 뿌리가 빨리 내리도록 한다.

06 근대	• 학 명 : *Beta vulgaris* L.
	• 영 명 : Swiss chard, Spinach beet
	• 중국명 : 후피채(厚皮菜), 우피채(牛皮菜), 첨채(蒸菜)
	• 원산지 : 유럽남부

 재배특성

- 발아적온 : 25℃내외, 9~28℃에서 발아가 가능함
- 생육적온 : 정식단계 15~20℃, 재배단계 15~18℃
- 토양 : 토심이 깊고 물빠짐이 좋은 사질양토 혹은 양토가 적합함
- 수분요구 : 뿌리의 생장량은 많지는 않지만 체내 수분 함량이 많아 수분이 부족하지 않도록 관수를 충분히 해주어야함.
- 토양산도 : 약산성, 중성에서 생육이 양호함(pH 6.0~7.0)
- 광 적응성 : 광포화점은 400 umol · m^{-2} · s^{-1} 이상이며 광합성의 70~80%가 오전 중에 이루어짐

 재배작형

구분	1월	2월	3월	4월	5월	6월	7월	8월	9월	10월	11월	12월
봄 재배				파종	파종	수확	수확	수확				
여름 재배						파종	파종	수확	수확			
여름 재배									파종	파종	수확	수확

※ ▨ 파종, ■ 수확

- 봄 재배
  - 파종 : 4월말~5월말
  - 수확 : 6월중~8월중

- 여름 재배
  - 파종 : 7월초~8월초
  - 정식 : 8월말~9월말

- 가을 재배
  - 파종 : 9월초~10월초
  - 파종 : 11월초~12월말

 **심는방법**

이랑 만들기

- 거름주는 총량(kg/10a)
  - 요소 : 33
  - 석회 : 150
  - 퇴비 : 1,500
  - 용성인비 : 65
  - 염화가리 : 18
- 밑거름은 파종 10일 전에 사용하는데 퇴비와 인산질은 전량을 밑거름으로 주고 질소와 칼리질 비료는 절반을 밑거름으로 절반을 웃거름으로 넣는다.
- 밑거름은 이랑을 만들기 전에 흙과 잘 섞어 양분이 고르게 섞이도록 하며 웃거름은 2회 정도 나누어 준다.
- 두둑은 100cm, 고랑은 30~40cm로 하고, 종자는 흩어뿌림(散播) 이나 줄뿌림(條播)을 한다.

파종 및 정식

- 직파하거나 육묘해서 재배할 수 있으며, 직파의 경우 재식거리는 30X20cm 간격으로 하여 1~2알의 종자를 파종한다.
- 육묘를 할 경우에는 플러그 트레이에 파종하여 본엽 3매 정도 까지 키워서 정식한다.
- 직파 후에 얇게 복토를 하고 토양 내 수분이 충분하도록 관수한다. 싹이 튼 후 2~3회 제초를 겸하여 주간거리를 맞추어 솎아준다.
- 육묘 후 이식 재배 시에는 정식 10일 전까지 밑거름을 넣고 이랑을 만들며 제초노력을 경감하기 위해 백색이나 흑색 필름으로 멀칭을 한다.

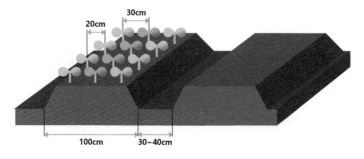

일반관리

- 재배 기간 중 물주기는 분수호스, 소형 스프링클러 등을 이용하여 이때 수압이 너무 셀 경우 흙탕물이 튀어서 잎에 묻으면 병원균 감염의 우려가 있고 상품성을 떨어뜨릴 수 있으므로 수압조절을 잘 해야 한다.
- 비닐로 멀칭을 한 경우에는 분수호스나 점적호스를 멀칭 아래에 적절히 깔아서 관수를 하면 관수에 의한 병원균 감염을 막을 수 있다.
- 온도는 가능한 한 생육적온인 15∼18℃를 유지하는 것이 좋으며, 고온기에는 차광을 해 준다. 저온기에는 야간온도가 5℃이상이 되도록 보온한다.

병해충 방제

- 잘록병 : 막 발아한 상태 또는 지상부 출현 후에 감염되어 토양에 접한 부위가 물러지면서 검게 변하고 시든다.
  〈방제법〉 토양이 너무 습하지 않도록 하며 파종 후 땅의 온도를 높여 발아를 촉진시켜 식물체가 스트레스를 받지 않도록 하는 것이 중요하다.
- 잿빛곰팡이병 : 잎이 황화되고 병이 진행되면 윗부분이 갈색으로 부패하며 궁극적으로는 잿빛의 균사들로 덮인다.
  〈방제법〉 저온 다습하지 않도록 하며 강우 시 배수를 잘 해야 한다. 식물체가 상처를 받지 않도록 하고 상처 받은 잎이나 고사한 식물체는 신속히 제거하여 전염을 막는다.
- 무름병 : 잎에 작은 수침상의 반점이 발생되고 빨리 번진다. 진전되면 수침상의 면적이 크기가 증가하고 점차 물러져서 갈색으로 변한다.
  〈방제법〉 주변의 잡초를 잘 제거하고 물리적인 상처를 받지 않도록 하며 다습하지 않도록 한다.
- 복숭아혹진딧물 : 신초나 새로 나온 잎을 흡즙하므로 잎이 세로로 말리고 위축되며 생장을 억제한다. 여러 종류의 바이러스 병을 매개한다.
  〈방제법〉 근대의 진딧물류 방제약제로 등록된 농약을 안전사용기준에 따라 번갈아 살포한다.
- 파밤나방 : 성충이 20∼50개씩의 알을 무더기로 산란하므로 부화한 어린 유충은 표피

에서 집단으로 엽육을 갉아먹지만 4~5령이 되면 잎 전체에 큰 구멍을 뚫으면서 가해한다.

〈방제법〉시설 내에서는 방충망을 설치하여 파밤나방 성충의 유입을 막아주는 것이 중요하다. 그리고 일단 발생하면 발생 초기에 눈에 보이는 대로 포살한다.

수확 후 관리법

- 근대는 잎을 하나씩 따서 수확하는 것이 일반적이다. 잎자루가 긴 품종은 잎을 따서 잎자루를 묶어서 다발로 출하하고, 잎자루가 짧고 잎이 넓은 품종인 경우에는 잎을 따서 박스에 담아서 출하한다.

- 쌈용은 잎의 크기가 15~18cm 정도일 때 잎을 따 주어야 하며, 따는 시기가 너무 늦어지면 잎이 너무 커지고 굳어져서 상품성이 없어진다.

- 쌈이나 샐러드용은 생체로 먹기 때문에 농약이나 병원성 미생물이 수확물에 남아 있지 않아야 한다. 농약 살포 시에는 살포한 농약의 안전사용 기준에 나와 있는 일자가 경과한 후에 수확해야 하며, 수확하는 작업자는 병원성 미생물에 의한 오염을 막기 위한 작업자 위생수칙을 준수하며 수확작업에 임한다.

07 당근	• 학　명 : *Daucus carota L.*
	• 영　명 : Carrot
	• 중국명 : 호몽(胡萝)
	• 원산지 : 아프가니스탄

 ## 재배특성

- 발아적온 : 15~30℃, 낮에 30℃, 밤에 15℃ 정도 되는 시기에 싹이 잘 틈
- 생육적온 : 18~21℃, 하루의 평균온도가 20℃정도일 때가 생육이 빠름
- 생육장해온도 : 3℃이하, 28℃이상이 되면 생육이 정지하거나 뿌리의 착색이 안 됨
- 토양 : 수분을 잘 보유하면서 물도 잘 빠지는 양토 또는 식양토가 좋음
- 토양산도 : pH 6.0~6.6에서 잘 자라나, pH 5.3이하의 산성조건이 되면 바깥잎이 누렇게 되고 본잎 3~4매 때 생육이 대단히 억제됨
- 광적응성 : 빛의 양에 크게 영향 받지는 않으나, 햇빛을 충분히 쪼여 주는 것이 좋음
- 유기물시용 : 흙이 부드러울 정도로 유기물을 충분히 넣어야 뿌리가 잘 큼

 ## 재배작형(노지재배)

구분	1월	2월	3월	4월	5월	6월	7월	8월	9월	10월	11월	12월
봄 재배				파종	파종	생육	생육	수확				
가을 재배							파종	생육	생육	수확	수확	

※ ▨ 파종, ▧ 생육, ■ 수확

- 봄 재배
  - 파종 : 4월중~5월중
  - 생육 : 5월말~7월초
  - 수확 : 7월중~8월중

- 가을 재배
  - 파종 : 7월중~8월중
  - 생육 : 8월말~10월초
  - 수확 : 10월중~11월중

이랑 만들기

- 텃밭을 만들 땅을 먼저 평평하게 고르고 퇴비거름(볏짚 등을 완전히 썩힌 것)을 땅이 덮일 정도로 뿌리고 밑거름(원예용 복합비료 3.3m²당 약 50g)을 흩어 뿌린다.
- 퇴비와 비료가 골고루 섞이도록 하여 삽으로 깊이 뒤집어 놓는다. 당근은 뿌리 작물이기 때문에 조금 깊게 파서 뿌리가 잘 발육하도록 하는 것이 중요하다. 이랑과 골을 합하여 약 1m를 기준하여 삽으로 골을 파 올려서 파종할 면이 60cm 정도 되게 높게 두둑을 만든다. 파종할 면은 쇠갈퀴와 같은 도구로 평평하게 하는데 이때 돌이나 거친 흙을 골라낸다.

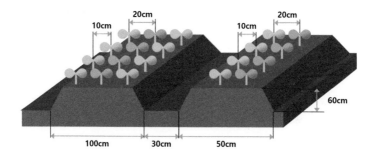

파종

- 약1m의 폭으로 이랑을 타면 두둑은 약 60cm 정도의 면이 되는데 3줄로 당근을 세울 수 있다. 줄간의 간격은 20cm 정도로 하고 심는 간격은 10cm로 하여 3~4립씩 파종한다.
- 일반적으로 호미로 3줄로 5cm 정도의 깊이로 긁어서 줄뿌림을 하고 다시 평평하게 덮어준다. 종자의 발아를 돕기 위하여 약간 두드려 주기도 하고 표면에 짚을 덮어서 수분의 증발을 막아 주면 발아를 도울 수 있다.
- 파종 후에 흙을 덮고 물을 충분히 준 후에 짚을 덮어 두면 5일에서 10일이 지나면 모두 올라오므로 짚을 벗겨 준다.

일반관리

- 당근을 파종하고 나서 약 한 달이 지나면 잎이 3~4매가 되는데 한 개체만 남기고 뽑아 낸다. 안전하게 수확하기 위해서는 2번에 걸쳐서 솎음을 하기도 하는데 첫 번째는 두 개체를 남겼다가 보름이 지나서 한 개체만 남기고 솎음을 한다. 솎음을 할 때는 가장 튼튼한 것을 남기도록 하고 옆의 것이 흔들리지 않게 뽑아낸다.
- 잡초관리
  - 친환경 재배를 위해서는 잡초는 올라오는 대로 어릴 때 뽑는 것이 좋다. 일반적으로는 파종 후 20일 경에 어린 풀이 보일 때 호미로 골 사이를 긁어주는 정도로 하여 2차례 정도 하면 당근의 잎이 커짐에 따라 잡초가 올라오지 않게 된다.
- 물주기
  - 재배 중 가뭄이 들면 물을 주어야 하는데 물을 줄 때는 표면이 충분히 젖을 정도로 주면 된다. 너무 많이 주면 뿌리의 호흡이 곤란하여 뿌리가 깊이 들지 못하거나 뿌리 표면이 거칠어지고 잔뿌리의 발생이 많아진다. 너무 가물면 생육이 더디고 뿌리가 갈라지기 쉬우며 뿌리가 단단해진다.
- 웃거름주기
  - 첫 번째 웃거름은 솎음 작업을 끝내고 바로 주는 것이 좋고, 두 번째 웃거름은 첫 번째 웃거름을 준 후 15~20일 후 실시하는 것이 좋다.
  - 비료량은 보통 원예용복비(18-18-18)를 10a당(300평) 15kg 내외로 하여 당근이 심어진 줄 사이에 손으로 뿌리고 물을 주면 효과적이다.

 병해충 방제

> **생리장해**

- 당근의 생리장해는 뿌리 갈라짐 현상, 뿌리터짐, 추대현상 등이 있다. 뿌리가 갈라지는 현상은 뿌리가 아래로 뻗어 갈 때 방해가 생겨서 갈라지는 경우가 많다. 거친 퇴비의 사용, 돌이나 자갈이 많은 텃밭에서 많이 발생하므로 흙이 부드럽고 토심이 깊도록 유기물을 많이 넣고 토양 관리를 하는 것이 좋다. 생육후기에 뿌리가 거의 다 자란 정도에서 가뭄 후에 수분의 공급이 많아지면 표면이 갈라지는 뿌리 터짐 현상이 발생하므로 토양 수분의 변화가 적도록 평소에 물주기를 잘 해야 한다.

- 당근에서 꽃대가 올라오는 것은 너무 일찍 파종하여 저온을 많이 경과하여 꽃대가 올라오기 때문이다. 또한 묵은 종자를 사용하여도 많이 발생한다.

병해충 방제

- 당근에 발생하는 병해는 검은잎마름병, 무름병, 근부병, 흰가루병 등이 있다. 근부병은 세균성 병해이기 때문에 뿌리가 물러지는 병이 발생되지 않게 물관리를 적절히 하여 뿌리가 튼실하게 클 수 있도록 하는 것이 우선적이다.
- 해충으로는 선충, 파밤나방 등이 발생하는데, 발생초기 약제살포를 1주일 간격 2~3회 연속살포하면 방제가 가능하나 가급적 약제의 살포를 삼가고 파밤나방 등은 보이면 잡아주는 것이 좋으며 선충은 돌려짓기 등을 통하여 회피하는 것이 좋다.

 수확하기

- 당근의 수확은 파종한 날로부터 90~120일 이후에 수확이 가능하다. 미니당근은 70일 경에는 수확할 수 있다. 당근을 수확할 때는 잎줄기의 아랫부분을 잡고서 힘껏 당겨 올리면 뽑히는데, 토양이 단단할 경우에는 뿌리가 뽑히지 않을 수 있으므로 호미나 삽으로 수확해야한다. 뽑은 후에는 햇빛에 오랜 시간 두면 색이 변하거나 말라 상품가치가 떨어지므로 그늘로 옮기는 것이 좋다.

 재배 Tip

- 당근은 무와 마찬가지로 봄 파종시 장다리발생 위험이 크므로 장다리가 늦게 올라오는 만추대성 품종을 택하는 것이 좋다.

08	• 학 명 : *Allium fistulosum L.*
	• 영 명 : Welsh onion, Spring onion, Buching onion
대파	• 중국명 : 총(蔥)
	• 원산지 : 중국 서북부

 재배특성

- 발아적온 : 15~25℃이며 적온보다 더 낮거나 높으면 발아가 불량함
- 생육적온 : 20℃내외이며 고온기인 여름에는 생육이 저조함
- 생육장해온도 : 5℃이하, 35℃이상
- 토양 : 토심이 깊고 물빠짐이 좋은 토양이 좋음
- 토양산도 : pH 5.7~7.4로 토양적응성이 큼
- 유기물시용 : 다비(多肥)에 적응성이 강하여 유기질을 충분히 시용

 재배작형(노지재배)

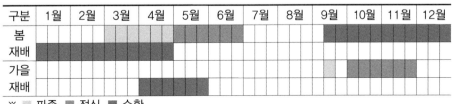

구분	1월	2월	3월	4월	5월	6월	7월	8월	9월	10월	11월	12월
봄												
재배												
가을												
재배												

※ ■ 파종, ■ 정식, ■ 수확

- 봄 재배
  - 파종 : 3월초~4월말
  - 정식 : 5월초~6월말
  - 수확 : 9월중~이듬해 4월말

- 가을 재배
  - 파종 : 9월 중순
  - 정식 : 10월초~11월말
  - 수확 : 이듬해 4월중~5월말

묘 기르기

- 배수가 잘되고 토질이 좋은 토양을 선택하여 파종 1개월 전에 소석회와 완숙 퇴비를 넣고 토양과 잘 섞이도록 한다.
- 파종 2주 전에 밑거름 비료를 넣고 평탄작업을 할 때 입고병 방제약을 살포하여 토양과 잘 섞이도록 한다.
- 파종은 종자를 묘상에 흩어 뿌리는 방법, 10cm 간격으로 파종 골을 만들어 파종하는 줄파종, 상토를 채운 트레이에 구 당 3~4립씩 파종하는 상자육묘방법이 있다.
- 파종한 후 물을 충분히 준 다음 볏짚, 비닐, 부직포 등으로 덮어 보온과 수분을 유지시키고 발아가 되면 피복물을 제거하고 매일 오전과 오후에 물을 충분히 준다.
- 거름주는 총량(kg/10a)
  - 요소 : 25   - 용성인비 : 6.6   - 석회 : 200
  - 염화가리 : 14.0   - 퇴비 : 1,500

이랑 만들기

- 이랑을 만들기 전에 퇴비와 밑거름 비료를 넣는다.
- 파는 재배 형태가 매우 다양하여 재배조건에 따라 다양한 방법으로 재배 할 수 있다.

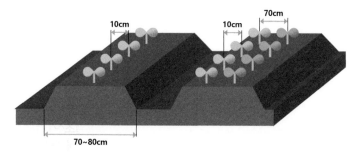

모종심기

- 평휴 심기는 30~40cm, 골간격에 3~4주씩 10cm 간격으로 심는다.

- 두둑 2줄 심기는 70~80cm로 두둑을 만들고 줄 사이는 70cm로 하여 10cm 간격으로 2줄을 심는다.
- 두둑 1줄 심기도 70~80cm 두둑을 만들고, 두둑 안쪽에 10cm 간격으로 심어 파가 생육함에 따라 두둑 위의 흙으로 북주기를 한다.

 ## 일반관리

- 파는 습해에 약하므로 배수가 잘 되도록 하여야 하며, 북주기를 자주하여야 백색 부분이 긴 파를 생산할 수 있다.
- 물주기는 토양이 건조하지 않도록 생육초기에는 1주일에 두 번 정도 땅속 깊이 스며들 정도로 충분한 관수를 한다.

 ## 병해충 방제

- 파굴파리 : 잎의 엽육과 표피사이를 갉아 먹는 애벌레로 수직방향으로 줄무늬를 그리며 초여름부터 초가을까지 자주 발생한다.
  〈방제법〉 토양이나 주변에서 날아 들어 잎 상단부에 알을 낳으며 발생초기에 대파에 등록된 약제를 구입하여 살포한다.
- 파밤나방 : 파 잎을 갉아 먹는 푸른색 또는 흑갈색의 애벌레로 여름부터 가을에 걸쳐 피해가 심하다. 애벌레가 부화하여 잎의 대공으로 들어가기 전에 대파에 등록된 약제를 구입하여 살포한다. 약제에 대한 내성이 강하므로 성분이 다른 약제를 1주일 간격으로 번갈아 살포한다.
- 파총채벌레 : 봄가을에 발생하며 건조한 날씨에 많이 발생한다. 물주기를 하여 건조하지 않게 관리한다.

 ## 수확 후 관리법

- 파는 특별히 수확기가 정해져 있지 않고 파의 크기에 따라 실파, 중파, 대파로 구별하며 모종을 심은 후 40~50일 정도 지나면 파의 식미를 느낄 수 있다.

• 파는 겨울철이 되면 지상부의 잎이 말라버리므로 땅이 얼기 전에 수확하거나 이듬해 봄에 꽃대가 올라오기 전에 수확한다.

 ## 재배 Tip

• 기르는 Tip
  – 직접 기르는 것보다 가까운 종묘상에서 우량 모종을 사다 심는 것이 좋다.
• 좋은 모종 고르는 Tip
  – 줄기가 곧고 도장하지 않은 묘
  – 뿌리가 잘 발달하여 잔뿌리가 많고 밀생되어 있는 묘
  – 노화되지 않고 병해충 피해가 없는 묘

09 도라지	• 학　명 : *Platyoodon grandiflora* Jacq. • 영　명 : Bellflower • 중국명 : 길경(桔梗) • 원산지 : 아프가니스탄

 재배특성

• 기온 : 추위에 견디는 힘이 강하여 우리나라 대부분 지역에서 재배가 가능하지만 따뜻하고 습윤한 기후를 좋아하므로 햇볕이 잘 드는 양지쪽이 좋다. 종자의 발아적온은 20~25℃이며, 꽃눈은 15℃이상에서 분화한다.

• 토양 : 물빠짐이 잘 되는 사양토 혹은 식양토로서 토심이 깊고 유기물함량이 많은 곳이 좋다. 거친 모래나 자갈이 많은 토양은 잔뿌리가 많아지고 뿌리비대가 불량하며, 점질토에서는 뿌리 뻗음이 좋지 않고 수확하는데 노력이 든다.

 재배작형(노지재배)

┌─ **파종시기** ─┐

• 육묘 이식재배도 가능하지만 노력이 많이 들고 이식 중 뿌리가 상처를 받으면 잔뿌리가 많이 발생하기 때문에 주로 직파재배를 하고 있다.

• 봄파종 : 3~4월 중에 실시하는데 발아에 소요되는 기간이 10~14일 정도이므로 그 지역의 만상일을 고려하여 발아 후 서리의 피해를 받지 않도록 한다.

• 가을파종 : 부득이 가을에 파종할 때는 발아한 어린 묘가 얼지 않게 싹이 트지 않고 겨울을 넘길 수 있도록 늦게 파종하는 것이 안전하다.

┌─ **번식 및 발아특성** ─┐

• 종자는 가을에 완전히 성숙하여 꼬투리가 터지기 직전에 베어 말린 후 털어서 정선한다. 정선된 종자는 종이봉투나 마대에 넣어 통풍이 잘 되는 곳에 보관했다가 종자로 이용한다.

• 종자의 발아수명은 대개 채종 후 7~8개월 이후에는 종자의 발아율이 급격히 저하되므로 채종 후 가능한 한 빨리 파종하는 것이 유리하다.

심는방법

밭 만들기

- 밑거름으로 밭갈이 하기 전 10a당 잘 썩은 퇴비 1,500kg과 계분 150kg을 주고 질소 9kg, 인산18kg, 칼리15kg을 밭 전면에 고루 뿌려 깊이갈이 하여 두둑을 만들고 정지 (整地)하였다가 파종한다.
- 질소는 밑거름으로 10a당 4.5kg을 주고 나머지는 6월에 2.3kg, 7월에 2.2kg을 웃거름 으로 준다.

파종

- 파종은 너비 90〜120cm의 두둑을 만들고 10cm로 줄뿌림하거나 흩어뿌림을 한다. 10a당 소요되는 종자량은 3〜4L이며 종자를 고르게 뿌리기 위해서는 종자량 3〜4배의 톱밥이나 가는 모래와 잘 혼합하여 뿌린다.
- 파종이 끝나면 아주 얇게 복토하거나, 복토하지 않고 종자가 토양에 밀착되도록 눌러준 후 볏짚을 덮고 물을 충분히 주어 발아하는데 지장이 없도록 한다.

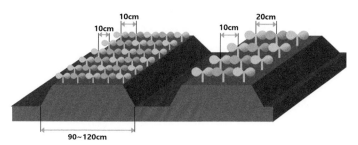

* 3년 후 20cm간격솎음. 3줄 남김

 일반관리

육묘관리

- 파종한 종자는 토양수분이 충분하면 10일 만에 싹이 튼다. 본 잎이 3〜4매가 되었을 때 사 방 4〜6cm 간격으로 솎아 주되 솎을 때 줄기와 뿌리 사이가 잘라지면 싹이 다시 돋아 솎 음질을 반복하여야 하므로 비가 충분히 온 후 땅이 습할 때 솎음질을 하여 줄기가 끊어지 지 않도록 한다.

- 여름장마기에 배수가 잘 될 수 있도록 포장을 관리하고 토양전염성병이 많으므로 강우 후에 특별히 주의하며, 개화기에 이르면 지표면 근처의 줄기가 넘어지는 생리적 도복이 일어나는데 도복되면 병에 의한 피해를 받기 쉽다.

꽃대 자르기

- 도라지 뿌리는 봄부터 꽃망울이 생길 때까지 계속 자라다가 꽃이 피기 전부터 종자가 익을 때까지는 개화 결실에 상당한 영양이 소모되어 더디게 자란다.
- 뿌리 굵기를 촉진하기 위해서 꽃대 잘라주기를 실시하는 것이 좋으나 꽃대를 너무 일찍 잘라주면 다시 또 꽃대가 발생할 우려가 있으므로 주의한다.

잡초방제

- 김매기는 도라지 재배 시 가장 노력이 많이 드는 작업으로 발아 후 생육초기에 잡초의 성장속도를 따르지 못하며 흔히 잡초 속에 묻혀 버리기 쉽다. 따라서 초기 입모가 상당히 중요한데 파종 후 입모하기까지 피복을 하는 것이 좋다.
- 첫 번째 김매기는 6월 상순까지, 두 번째는 7월 상순까지 마치는 것이 뿌리의 생육을 촉진시킬 수 있으나 잡초가 크게 자라기 전에 실시하여야 어린 모의 피해가 적다.

병해충 방제

- 순마름병 : 어린잎에서 잎맥을 따라 색이 변하는 증상이 나타나며, 생육이 나쁘고 병 증세가 진전됨에 따라서 흑색으로 변해서 말라죽는다.
  〈방제법〉 여름철에는 물빠짐을 좋게 하고, 관수할 때 물을 지나치게 주지 않도록 한다.
- 점무늬병 : 주로 잎에 발생하며, 처음에는 원형의 회백색 반점으로 나타나고, 진전되면 흑갈색의 원형 또는 불규칙한 병 무늬로 확대된다.
  〈방제법〉 발생이 심하면 이어짓기를 피하고, 약제방제는 병 발생초기에 실시해야만 한다.
- 줄기마름병 : 줄기와 잎에 발생하며, 줄기는 처음 물에 삶겨진 모양의 갈색 내지 적갈색 반점이 나타나고, 심하면 그루 전체가 말라죽는다. 잎에서는 갈색반점으로 나타나며, 병무늬가 진전되면 흑갈색으로 변하여 잎 전체가 마른다.
  〈방제법〉 병에 걸리지 않은 포장에서 채집한 종자를 파종하도록 하고, 병에 걸린 식물체는 뽑아내어 불에 태우도록 한다.

- 균핵병 : 뿌리와 줄기에 발생하는데, 뿌리에 발생하면 뿌리가 물러져 썩고, 감염된 땅가부분의 줄기에는 하얀 균사가 엉겨 붙어 자란다. 오래된 병반부에는 흑색의 부정형 균핵이 형성되어 붙어 있다.
  〈방제법〉 병든 식물체는 일찍 뽑아서 태워버리고, 그 주위의 지표면에 흩어져 있는 균핵은 토양과 함께 긁어 내어 땅속 깊이 파묻는다.

 ## 수확 후 관리법

- 도라지는 파종 후 알맞게 관리하면 2년차 가을에 뿌리 무게 약 25g, 굵기 2cm, 길이 20~30cm 정도로 자란다.
- 수확 후 나물 등 식품으로 사용하는 것은 흙을 털어 낸 다음 저온에서 보관하며, 껍질을 벗긴 신선편이 도라지로 이용할 때에는 깨끗이 세척하여 껍질을 벗기고 0.08mm 정도의 Ny/PE플라스틱 필름에 담아 밀봉한 다음 5℃이하의 저온에서 보관한다.
- 도라지를 약용으로 사용하는 경우 3~4년 이상 재배한 것을 수확하여 그늘에서 말리거나 열풍건조기를 이용하여 50~60℃의 온도에서 3~4일간 건조한다. 도라지를 물에 깨끗이 씻어 겉껍질을 벗겨 말린 것을 백길경이라 하고, 껍질 채 말린 것을 피길경이라고 한다.

 ## 재배 Tip

- 기르는 Tip
  - 바로 밭에 파종하는데 발아최적온도는 20~25℃로 3~4월에 파종한다.
  - 발아는 10~14일 소요되며, 발아 후 서리피해가 없도록 한다.
  - 부득이 가을에 파종할 때는 싹이 트지 않고 겨울을 넘기도록 늦게 파종해야 한다.

- 좋은 모종 고르는 Tip
  - 종자는 길고 납작한 구형으로 무게가 0.8~1g정도의 것을 선택
  - 종자는 2년생 이상의 식물에서 채종한 것을 선택
  - 탄저병, 자주날개무늬 등 병해충에 감염되지 않은 묘

- 거름주기 Tip
  - 질소는 기비로 50%를 주고, 나머지는 6,7월에 각각 25%씩 준다.

- 심는 Tip
  - 파종은 줄뿌림하거나 흩어 뿌림을 한다.
  - 심은 후에 얇게 복토하며, 그렇지 않은 경우 종자가 토양에 밀착되도록 하고, 볏짚을 덮고 물을 충분히 준다.

10
딸기

- 학 명 : *Fragaria × ananassa* Duch.
- 영 명 : Strawberry
- 중국명 : 초매(草苺)
- 원산지 : 아메리카 대륙

 ## 재배특성

- 생육적온 : 주간 17~20℃, 야간 10℃내외
- 생육장해온도 : 개화기 5℃이하, 30℃ 부근에서 생육정지, 35~40℃이상에서 장해
- 토양 : 토심이 깊고 물빠짐이 좋으며 약간 습한 토양
- 토양산도 : pH 6.0~6.5정도의 약산성이 좋음
- 광적응성 : 광포화점 약 4만 lux로 다른 과채류에 비하여 낮은 편임
- 비료시용 : 비료에 민감하므로 소량으로 시비횟수를 늘리고 정식 전에 완숙된 퇴비를 충분히 시용함

재배작형

구분	1월	2월	3월	4월	5월	6월	7월	8월	9월	10월	11월	12월
촉성 작형												
노지 작형												

※ ▨ 어미묘(모주) 심기, ■ 아들묘(자묘) 아주심기, ■ 수확

- 촉성 작형
  - 어미묘(모주)심기 : 3월
  - 아들묘(자묘) 아주심기 : 9월
  - 수확 : 12월초~6월초
- 노지작형
  - 어미묘(모주)심기 : 3월중~4월중
  - 아들묘(자묘) 아주심기 : 9월중~10월초
  - 수확 : 이듬해 5월
- 딸기는 보통 9월경 정식하게 되며, 시설하우스에서 재배(겨울철 5℃ 이상 유지)할 경우 12월경부터 수확이 가능하다.

- 정식 후 노지에서 월동할 경우 이듬해 5월경에 수확이 가능하다.
- 시설재배 할 경우 수확기간이 길어 그만큼 수확량이 많으나 투입되는 노력과 비용이 크다.

 심는방법

※ 점선의 위치가 심는 깊이
A : 알맞게 심어진 묘
B : 깊게 심어 생장점이 자라지 못하고 고사함
C : 얕게 심어 건조의 해를 받으며 활착이 불량함

정식시 심는 깊이 및 방향

- 고랑사이의 간격은 이랑을 합쳐 약 120cm로 골을 타고, 두둑높이는 20~30cm 정도 높게 하여 뿌리 발육이 잘 되도록 하고 두둑당 2줄씩 30cm 간격으로 심는다.

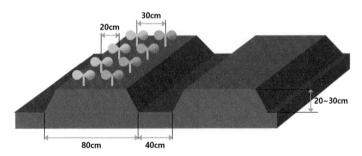

- 심는 깊이는 관부(크라운)의 중간 정도가 흙에 접촉하도록 심는다.
- 정식방향은 꽃대가 나오는 방향을 염두에 두고 정식하는 것이 필요한데, 일반적으로 어미 포기 방향의 반대쪽에서 꽃대가 나오므로 그림과 같이 화방 출현 방향이 두둑의 바깥으로 향하도록 한다.

일반관리

- 시설재배 : 겨울철 야간 온도가 최저 5℃ 이하로 내려가지 않도록 관리한다.
- 노지재배 : 겨울철 동해 및 건조해를 받지 않도록 볏짚으로 피복한다.
- 물주기 : 지나친 건조 또는 과습하지 않도록 관리한다.
- 뿌리가 많고 관부(크라운)가 굵은묘를 정식묘로 사용하는 것이 중요하다.
- 정식시기를 준수하고 초기 물관리 등 세심한 관리를 하여 조기에 활착시킨다.

병해충 방제

- 주요병해 : 탄저병, 흰가루병, 잿빛곰팡이병
- 주요충해 : 목화진딧물, 점박이응애, 총채벌레
- 딸기는 병해충에 약하므로 세심한 주의가 필요하다. 여름철 육묘기에는 탄저병에 주의하고 수확기에는 목화진딧물, 응애, 흰가루병 및 잿빛곰팡이병 방제에 힘쓴다.

수확 후 관리법

- 수확방법 : 착색이 약 80% 진행되었을 때 수확한다.
- 온도가 낮은 새벽 무렵에 수확을 하여야 상품성을 오랫동안 유지할 수 있다.

재배 Tip

- 기르는 Tip
  - 적기(9월경)에 심는 것이 중요하다.
  - 적기보다 일찍 심을 경우 고온으로 활착이 불량하고, 늦게 심을 경우 뿌리내림이 불량하여 겨울철 동해 피해를 받을 수 있다.
  - 토양이 지나치게 건조하지 않아야 생육이 양호하고 수확량이 늘어난다.
- 좋은 모종 고르는 Tip
  - 관부(크라운)가 크고 웃자라지 않은 묘

– 굵은 뿌리와 뿌리가 많은 묘

– 탄저병, 흰가루병 등 병해충에 감염되어 있지 않은 묘

• 거름주기 Tip

– 딸기는 비료에 매우 약하므로 밑거름을 조금 주고 덧거름 위주로 소량 시비한다.

• 심는 Tip

– 관부가 반쯤 묻히게 심어야 뿌리 활착이 빠르고 병에 잘 걸리지 않는다.

– 심은 후에 물을 소량씩 자주 주어 시들지 않고 뿌리가 빨리 내리도록 한다.

11	
땅콩	• 학 명 : *Arachis hypogaea* L. • 영 명 : Peanut • 중국명 : 낙화생(落花生) • 원산지 : 브라질

 재배특성

- 일조량이 많고 고온일 때 잘 자란다. 한랭지는 재배에 부적합하다.
- 씨방이 자라서 땅속에 들어가 열매를 맺는 특성이 있으므로, 보통 밭이라면 쉽게 재배할 수 있다. 참흙땅이나 모래 참흙땅이 좋고, 진흙이 많은 땅은 피하는 것이 좋다.
- 석회가 부족하면 빈 꼬투리가 생기기 쉬우므로 반드시 석회를 넣어 준다.
- 장마 후 계속 건조하면 8월 상순부터 10일 간격으로 2~3회 물을 주면 좋다.

 재배작형

구분	1월	2월	3월	4월	5월	6월	7월	8월	9월	10월	11월	12월
보통 재배				▨	▨					■	■	
멀칭 재배				▨	▨				■	■		

※ ▨ 파종 및 정식, ■ 수확

- 보통재배
  - 파종 및 정식 : 4월중~5월중
  - 수확 : 10월초~11월중
- 멀칭재배
  - 파종 : 4월초~5월초
  - 수확 : 9월중~10월말

 품종

- 잎자람새는 포복형 · 반직립성 · 직립성이 있고, 익는 시기는 조생종부터 만생종까지 있다.

또한 꼬투리의 크기에 따라 대·중·소립종으로 나누는데 주로 대립종이 재배된다. 과거에는 예천종 등 지방재래종이 많이 재배되었으나 우리나라 기상상태에 잘 적응하며 소비자 기호에 맞추어 중대립, 조숙 소분지 신초형을 개발하였는데, 새들땅콩, 대광땅콩, 신풍땅콩 등이 있다. 대립종으로는 남광땅콩, 대원땅콩, 대풍땅콩, 신대광땅콩, 신광땅콩, 기풍땅콩 등이 육성되어 있다.

 ## 재배방법

밭 일구기

- 씨뿌리기 보름 전에 퇴비와 석회를 넣고 잘 갈아둔다(kg/10a당 고토석회100kg, 퇴비 1,000kg)
- 전에 다른 작물을 재배하여 비료 성분이 남아 있다면 별도로 비료를 주지 않아도 될 정도로 비료 요구량이 적다.
- 비료를 줄 경우에는 땅콩용 복합비료(4-19-4) 75kg/10a을 밑거름으로 사용하면 작업이 간편하며 고토(3%)와 붕소(0.3%)같은 미량요소가 들어 있어서 좋다.
- 두둑은 70cm, 고랑은 30cm로 하고 포기간격은 20cm로 하면 3줄 재배할 수 있다.

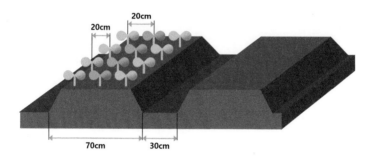

씨앗준비

- 끝의 뾰족한 부분을 손끝으로 누르면 쉽게 갈라진다.
- 씨뿌리기 전에 씨앗용으로 껍질째 보관해 둔 땅콩 열매를 꺼낸다.
- 하루 정도 씨를 물에 넣어 불린다.

- 모종을 만들 경우에는 50구 플러그 트레이에 1개씩 심는다.

씨뿌리기/아주심기

- 본밭에 파종할 경우 한 곳에 씨를 2~3개 넣고 흙은 3cm 정도 덮는다.
- 육묘시엔 본잎이 2장일 때 모종을 한 곳에 2포기씩 심는다.
- 건조하면 물을 준다.

웃거름

- 곁가지가 자라기 시작하면 화학비료를 조금 주는데 가능하면 칼륨성분이 많은 것을 준다.
- 질소를 너무 많이 주면 줄기만 무성하고 꼬투리는 잘 안 달리므로 주의한다.

북주기

- 직립성 품종의 경우 포기 밑에 약 15cm 정도 범위로 흙을 북주기 한다.
- 포복성 품종의 경우 가지벌기한 가지 주변에 조금 넓게 북주기한다.
- 꽃이 피고 며칠이 지나면 씨방자루가 지면을 향해서 자라 땅속으로 파고든다. 4~5일이면 씨방이 커지기 시작한다.

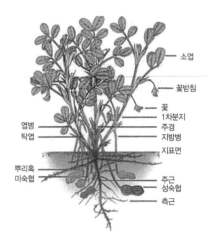

땅콩의 형태와 명칭 : 식량원 자료

수확 후 관리법

- 미숙열매 수확 : 꼬투리가 대체로 컸을 때
  - 열매를 꼬투리째 삶아서 땅콩을 꺼내 먹는다.
- 완숙열매 수확 : 꼬투리에 그물무늬가 뚜렷하고 굵어졌을 때
  - 며칠 밭에 펼쳐서 잘 말린다.
  - 꼬투리째 말려서 필요할 때 꺼내어 땅콩을 시용한다.

 ## 재배 Tip

- 기르는 Tip
  - 땅콩 열매를 키우는데 석회가 부족하지 않도록 밑거름으로 석회비료를 준다.
  - 꽃이 피고 씨방자루가 땅속을 향해 자라므로 흙 속으로 들어가기 쉽게 북주기를 잘 한다.

12 마늘	• 학　명 : *Allium sativum* L. • 영　명 : Garlic • 중국명 : 산(蒜) • 원산지 : 중앙아시아

 ## 재배특성

- 싹트는 온도 : 15~27℃에서 싹이 틈
- 생육하는 온도 : 적온 13~23℃, 최고 25℃, 최저 4℃, 경엽생육 적온 18~20℃
- 구 비대온도 : 개시온도 10℃, 적온 18~20℃
- 토양조건 : 비옥한 중점토나 점질양토에서 마늘이 단단하고 품질이 우수
- 토양산도 : pH 5.5~6.0
- 유기물시용 : 유기질 충분히 시용

 ## 재배작형(노지재배)

구분	1월	2월	3월	4월	5월	6월	7월	8월	9월	10월	11월	12월
노지 재배												

※ ▨ 파종, ■ 수확

　※파종 : 난지형 9월 중하순, 한지형 10월 하순경

　※수확 : 난지형 5월 중하순, 한지형 6월 중하순경

 **심는 방법**

씨 마늘 고르기

- 마늘쪽에 상처가 있거나 병해충의 피해가 있는 것은 싹트기 전에 병원균이 침입해서 썩게 되기 쉽다.
- 뿌리가 날 부분이 불량한 것은 뿌리의 신장이 좋지 않아 겨울 동안 언 피해를 받기 쉽고 생육이 불량해진다.
- 씨마늘로 사용할 마늘쪽은 아래쪽의 뿌리가 발생될 부분이 건전한 것을 골라 심는다.
- 씨마늘은 10a(300평)당 70~80접(한 접 : 통마늘 100개)정도 필요하다.

씨 마늘 심기

- 거름주는 총량(kg/10a)
  - 요소 : 54
  - 석회 : 150
  - 퇴비 : 3,000
  - 용과린 : 40
  - 염화가리 : 21

  ※ 밑거름으로 복합비료를 주어도 된다.
- 마늘의 뿌리는 곧게 자라므로 뿌리가 쉽게 뻗을 수 있도록 깊게 갈아 준다.
- 파종 1~2주일 전에 퇴비와 석회를 밭 전면에 골고루 뿌린 다음 깊이 갈고, 파종 1~2일 전에 화학비료 및 토양 살충제를 고루 뿌리고 땅을 고른다.
- 두둑을 100cm, 고랑을 30cm로 만든 밭에 줄사이 20cm 간격으로 5줄을 심는다.

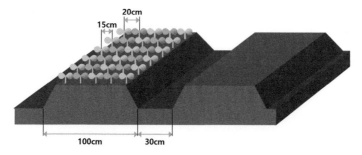

- 두둑에 비닐을 피복하면 지온이 높아져 생육이 빠르고 잡초 제거와 물주는 노력을 줄일 수 있다.

- 마늘 심을 골을 6~7cm 깊이로 파고 심는데, 뿌리 부분이 밑으로 가도록 심어야 하며 옆으로 비스듬히 심거나 거꾸로 심으면 마늘통의 모양이 비뚤어진다.
- 너무 깊게 심으면 싹이 늦게 나오고 또 너무 얕게 심으면 뿌리가 흙을 차고 마늘쪽이 땅 위로 올라와 겨울 동안 언 피해를 받거나 김매기를 할 때 상처를 입을 염려가 있다.

일반관리

- 비닐 구멍 뚫기는 본엽이 2매 정도 되었을 때(2월 하순경) 맹아엽을 빨리 노출시켜야 생육이 촉진되고 외부환경에 잘 적응한다.
- 마늘통이 비대하는 시기인 4~6월은 상습적인 가뭄으로 인하여 토양이 건조한 상태이므로 구 비대 최성기인 시기에 맞추어 난지형 마늘은 4월 하순~5월 중순, 한지형 마늘은 5월 중순~6월 중순까지는 충분히 물을 대 주어 마늘의 구 비대가 정상적으로 이루어지도록 관리한다.
- 마늘쫑 제거
  - 난지형인 경우 4월 하순~5월 상순, 한지형은 5월 하순~6월 상순경에 마늘쫑이 출현한다.
  - 이때 총포 속에 있는 주아의 발육과 마늘쪽의 비대가 경합을 하게 되어 주아를 그대로 두면 양분의 이동이 분산되어 마늘통의 비대가 좋지 못하게 된다.

병해충 방제

- 고자리파리 : 뿌리 부분을 갉아 먹는 애벌레로 미숙퇴비나 인분을 뿌릴 때 많이 발생한다.
- 바이러스병 : 잎에는 엽맥을 따라 황색 줄무늬를 보이고 식물체는 전체적으로 위축되며 수확시에도 구의 크기가 매우 빈약하고, 구가 정상적으로 비대하지 못하고 중심부로부터 갈변 증상을 나타내며 벌어지게 된다.
  〈방제법〉 주로 진딧물과 응애에 의해서 감염되므로 이들 해충 방제를 철저히 한다.
- 잎끝마름병 : 회백색의 작은 반점이 형성되고 진전되면 병반 주위가 담갈색을 띠고, 중앙부위는 적갈색으로 변한다. 간혹 적갈색의 병반이나 흑갈색의 병반만 형성될 때도 있다.
  〈방제법〉 봄비가 자주 오고 4월 하순경 온도가 갑자기 높아지면 심하게 발생하므로 사전에 살균제를 2~3회 살포해준다.

- 흑색썩음균핵병 : 지하부의 구근에는 처음 흰 균사가 나타나며, 병이 진전되면서 구근 껍질에 흑색의 균핵이 형성된다. 심하면 구 전체가 흑색으로 변하여 썩고 지상부는 고사한다.

 ## 수확 후 관리법

- 수확적기는 잎이 50~75%정도 말랐을 때 수확한다.
- 토양이 습하지 않고 맑은 날을 택하여 상처가 없도록 수확한다.
- 수확 후 2~3일간 물기를 말려서 건조한다(병원균 및 부패균 발생 억제.)

 ## 재배 Tip

- 기르는 Tip
  - 마늘통이 비대하는 시기인 4~6월은 상습적인 가뭄으로 인하여 토양이 건조한 상태이므로 구 비대 최성기인 시기에 맞추어 난지형마늘은 4월 하순~5월 중순, 한지형마늘은 5월 중순~6월 중순까지는 충분히 물을 대 주어 마늘의 구 비대가 정상적으로 이루어지도록 관리해야한다.

- 좋은 씨마늘 고르는 Tip
  - 재배하고자 하는 지역의 품종으로 심는다.
  - 마늘쪽에 상처가 있거나 병해충의 피해가 없는 것으로 한다.

- 거름주기 Tip
  - 웃거름을 너무 늦게 주면 벌마늘이 생기므로 주의해야한다.

- 마늘 수확 후 건조 Tip
  - 마늘을 모래 또는 시멘트 위에서 말리면 마늘통이 벌어지니 주의해야한다.

13		• 학 명 : *Raphanus sativus* L.
		• 영 명 : Radish
무		• 중국명 : 나복(蘿蔔)
		• 원산지 : 지중해 연안

 재배특성

- 발아적온 : 15~34℃(40℃ 정도에서는 발아하지 못함)
- 생육적온 : 17~23℃(어릴 때 : 18℃, 뿌리비대기 : 21~23℃)
- 생육장해온도 : 12℃이하, 40℃ 이상
- 토양 : 토양이 깊고 보수력과 물 빠짐이 좋고 가벼운 토양이 좋음
- 토양산도 : pH 5.5~6.8정도의 중산성을 좋아함
- 광적응성 : 강한 빛을 좋아함(광포화점 5만 lux), 뿌리가 굵어지는 시기에 햇빛이 부족하면 수량이 적어짐
- 유기물시용 : 유기질을 충분히 시용하여 튼튼하게 키움
- 무는 토양에서 병해충만 발생하지 않는다면 한 곳에서 4~5년간 재배 가능함
  - 12℃이하의 저온을 일주일 이상 연속 경과하면 추대하여 상품가치가 없어지므로 주의해야 하며, 특히 종자를 냉장고에 보관하여도 추대하므로 주의해야한다.

 재배작형

구분	1월	2월	3월	4월	5월	6월	7월	8월	9월	10월	11월	12월
봄 재배												
가을 재배												

※ ▨ 파종, ■ 수확

- 봄 재배
  - 파종 : 3월중~ 4월중
  - 수확 : 5월초~7월중
- 가을 재배
  - 파종 : 7월초~8월초
  - 수확 : 9월중~12월중

84

심는 방법

이랑 만들기

- 거름주는 총량(kg/10a)
  - 요소 : 35
  - 퇴비 : 3,000
  - 염화가리 : 60
  - 석회 : 1,000
  - 용성인비 : 60
  - 붕사 : 2
- 이랑을 만들기 전에 퇴비와 밑거름 비료를 넣는다. 무는 단기간에 자라므로 밑거름을 잘 주어야 한다. 개별 비료의 이용이 어려울 때는 원예용 복합비료를 사용해도 된다. 이 경우 퇴비, 석회, 붕사를 잘 주어야 좋은 무를 수확할 수 있다.
- 이랑 만들기는 아래 그림처럼 재배 형태에 따라서 두둑과 고량 폭을 결정하여 만드는데 물빠짐이 좋은 땅은 2줄 재배하고 물빠짐이 안 좋은 땅은 1줄 재배한다.
- 1줄 재배는 이랑너비를 100~120cm, 2줄 재배는 이랑 너비를 130~160cm로 만들고, 줄간격 75cm, 포기간격 30cm로 한다. 그리고 흑색 등 멀칭비닐을 씌워 밭 토양의 온도를 유지하고 잡초가 생기는 것을 막는다.

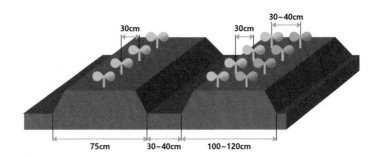

파종

- 씨 뿌리는 방법은 점뿌리기이며, 파종간격은 75X30cm 이며, 씨 뿌리는 깊이는 2~3cm, 구당 파종개수 1~3립, 싹트는 기간은 4~7일이다.
- 1개의 구에 파종하는 종자의 수는 당해연도 구매한 일대잡종 품종의 경우 1립만 파종해도 수량 확보가 가능하며, 1년 이상 묵은 종자 또는 품종명이 확실하지 않은 재래종의 경우 3립 정도를 파종하여 나중에 솎아주는 것이 필요하다.

솎아주기

- 1구당 1립 파종했을 경우는 솎아 낼 필요가 없으나, 2립 이상 파종했을 경우 본엽이 1장 정도일 때 1차로 솎아주고, 본엽이 3장 정도일 때 2차로 솎아준다.
- 북주기 : 솎아내기가 끝나면 무가 제대로 설 수 있도록 주변의 흙을 덮어 북을 주어야 하는데 발아 상태가 양호하고 간격이 적당하면 솎아내기, 북주기 및 1차 추비를 한꺼번에 작업하면 편리하다.

일반관리

- 물주기 : 파종 직후에 물을 주면 발아율을 높일 수 있다. 덥고 건조한 날이 지속되면 일주일에 한번 정도 물을 주어야 잘 자란다.
- 날이 더울 경우 벼룩잎벌레, 배추좀나방, 배추흰나비 등 벌레가 많이 생기므로 더운 계절에는 살충제를 살포해 주는 것이 좋다. 만약 벌레가 많이 생겨서 잎이 망사처럼 뚫려 있다면 서로 다른 2종류의 살충제를 3일 간격으로 번갈아서 4~5회 정도 집중적으로 뿌려 주는 것이 좋다.

병해충 방제

- 벼룩잎벌레 : 더운 계절에 파종 할 때 주로 어린떡잎을 갉아먹는 해충으로 성충은 2~3mm 정도의 타원형이며 전체적으로 흑색이지만 황색 세로띠가 2개 있으며, 위협받으면 벼룩처럼 튀어 도망간다.
  〈방제법〉 생육 초기의 방제가 중요하므로, 씨뿌리기 전에 토양살충제를 처리하여 땅속의 유충을 방제하면 좋다.
- 좁은가슴잎벌레(무잎벌레) : 가을에 파종하는 무, 배추 등 배추과 채소에 피해가 심하며, 성충과 유충이 잎을 갉아먹어 구멍이 뚫려 잎이 마치 그물처럼 된다. 심한 경우에는 잎줄기와 잎자루의 연한부분까지 먹으며, 어린식물은 전부 먹어버리는 경우도 있다. 유충은 무, 순무 등의 뿌리 표면에 불규칙한 홈을 만들어 갉아먹는다.
  〈방제법〉 성충이 인근 풀, 돌더미 등에서 월동이 가능하므로 전에 많이 발생한 지역에서는 파종 전에 벼룩잎벌레와 동일한 방법으로 방제가 가능하며 파종 직후부터 살충제를 이용하여 주기적으로 예방해 주어야 한다. 농약관련정보는 한국작물보호협회 홈페이지 (http://koreacpa.org) 에서 작물별, 병해충별 검색이 가능하다.

 ## 수확 후 관리법

• 수확은 품종과 재배 지역별로 시기가 다르지만 지상부로 돌출된 무 어깨 부분의 지름이 약 6cm 정도이며 겉잎이 아래로 처지기 시작하면 수확한다.

 ## 재배 Tip

• 기르는 Tip
  – 무는 물관리가 매우 중요하여 날이 더울 때 물을 주지 않으면 뿌리가 잘 자라지 않으며 맛도 쓰다.

• 거름주기 Tip
  – 유기질 퇴비와 인산질 비료는 모두 밑거름으로 주고, 질소와 칼리질 비료는 절반을 웃거름으로 시용한다.
  – 웃거름은 심고 나서 20~25일 간격으로 포기 사이에 흙을 파서 준다.

14	• 학 명 : *Oenanthe stolonifera* DC. (*Oenanthe javanica* DC.)
	• 영 명 : Water dropwort, Water celery
미나리	• 중국명 : 수근(水根), 근채(芹菜)
	• 원산지 : 우리나라, 중국, 일본, 동남아시아

 재배특성

- 발아적온 : 25℃
- 생육적온 : 낮 22~24℃
- 비교적 호냉성으로 저온에서 잘 견디는 편이며 고온에서는 생장이 둔화됨. 10℃ 이하의 온도에서는 생장이 정지되나, 내한성이 강하여 0℃에서도 단기간은 견딜 수 있음
- 토양 : 비옥도가 높고 보수력이 크며, 유기질이 많이 함유된 토양, 배수가 잘 되는 사질토
- 토양산도 : pH 6.0~7.0, 강산성 토양에서는 생육이 나쁨
- 광적응성 : 내음성이 약하기 때문에 충분한 빛을 쪼여 주는 것이 좋음
- 수분조건 : 습윤한 환경을 좋아하고 건조에 약하므로 충분한 관수가 요구됨

 재배작형

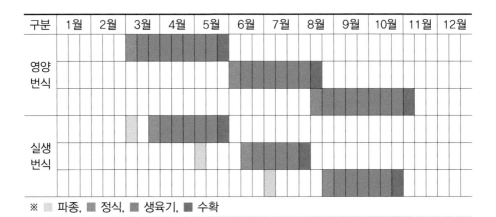

구분	1월	2월	3월	4월	5월	6월	7월	8월	9월	10월	11월	12월
영양 번식												
실생 번식												

※ ■ 파종, ■ 정식, ■ 생육기, ■ 수확

- 영양번식
  - 정식 : 3월초
  - 생육기 : 3월중~5월중
  - 수확 : 5월말

  - 정식 : 6월초
  - 생육기 : 6월중~8월초
  - 수확 : 8월중

  - 정식 : 8월중
  - 생육기 : 8월말~10월말
  - 수확 : 11월초

- 실생번식
  - 파종 : 3월초
  - 정식 : 3월말
  - 생육기 : 4월초~5월중
  - 수확 : 5월말

  - 파종 : 5월초
  - 정식 : 6월중
  - 생육기 : 6월말~7월말
  - 수확 : 8월초

  - 파종 : 7월초
  - 정식 : 8월말
  - 생육기 : 9월초~10월중
  - 수확 : 10월말

 ## 심는 방법

이랑 만들기

- 거름주는 총량(kg/10a)
  - 요소 : 54
  - 용성인비 : 60

  - 석회 :100
  - 염화가리 : 25

  - 퇴비 : 1,500

- 이랑을 만들기 1~2주 전 퇴비와 밑거름 비료를 넣는다.

- 미나리는 물을 좋아하기 때문에 물을 가둘 수 있도록, 이랑 만들기가 일반 밭작물과는 반대의 모양이다. 즉, 두둑을 통로(고랑)보다 낮게 만들어야 한다. 여건이 안 될 경우에는 평이랑으로 재배해도 무방하다.

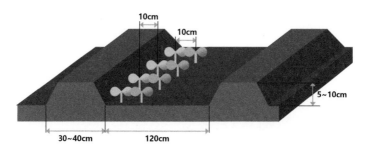

모종심기

- 미나리는 일반적으로 씨뿌리기가 아니라 줄기를 절단하는 등 영양번식 방법으로 재배한다.

- 어미포기나 줄기를 이용하는 방법 : 전년 준비한 어미포기를 뿌리째 캐내어 심거나 일주일 정도 싹을 틔운 줄기를 6~9cm로 절단하여 얕게 묻는다.
- 심는 거리 : 10X10cm로 깊이 심는다. 1개의 구멍에 미나리 묘를 3개까지 심을 수 있다.

일반관리

- 물대기 : 수심 5cm 이내 건조하지 않도록 충분히 관수해 준다.
- 내음성이 비교적 약하므로 충분한 일조를 요구하며, 수생식물로서 물이 많은 환경을 좋아하므로 충분한 관수가 요구된다.

병해충 방제

- 반점고사병 : 담갈색 반점이 생기고 확대되면 줄기가 누렇게 변하며 말라죽는다.
  〈방제법〉 통풍과 투광율을 높여주고 질소질 시비를 줄여 3요소의 균형 있는 시비로 완화시킬 수 있다.
- 뿌리썩음병 : 줄기 아랫부분에 하얀 곰팡이가 생기며 줄기와 새싹이 물러진다.
  〈방제법〉 밀식되어 다습한 조건에서 많이 발생되므로 식물체 사이의 간격을 넓혀 통풍이 잘 되도록 한다.
- 진딧물 : 봄에서 가을까지 발생하여 새눈과 잎 뒷면에 기생한다.
  〈방제법〉 식물체의 뿌리 부근에서 활동하므로 정식 전에 토양살충제를 살포하면 효과적이다.

수확 후 관리법

- 밭미나리는 중부지방에서 정식 후 35~40일이 지나면 수확이 가능한데, 초장 50cm 이내에서 언제든지 수확할 수 있다(여름재배, 봄재배, 가을재배 모두 가능)
- 밭미나리의 품질이 가장 좋은 시기는 초장이 30cm 정도일 때이며 이 시기가 지나면 도복되어 줄기가 구부러져 품질이 나빠진다.
- 미나리는 수확 후 지제부의 마디에서 다시 줄기가 신장하므로 연속 수확이 가능하다. 수

확 횟수가 많아짐에 따라 줄기가 가늘어지고 수확량이 줄어드는 경향이 있다.

• 나물, 무침, 김치, 샐러드, 냉채 등으로 이용할 수 있다.

 ## 재배 Tip

• 기르는 Tip
– 미나리를 가장 쉽게 키우는 방법은 구입한 미나리의 뿌리를 넉넉히 남긴 채로 잘라 잎과 줄기를 이용하고 남은 뿌리 부분을 보기 좋은 용기에 담가 잎과 줄기를 새로 키우는 방법이다.

• 거름주기 Tip
– 밑거름으로 주는 거름은 심기 1~2주일 전에 준다.
– 유기질 퇴비와 인산질비료는 모두 밑거름으로 주고, 질소와 칼리질 비료는 절반을 웃거름으로 시용한다.
– 웃거름은 심고 나서 20~25일 간격으로 포기사이에 흙을 파서 준다.

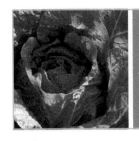

15 배추	• 학　명 : *Brassica rapa* L. ssp. *pekinensis*
	• 영　명 : Chinese cabbage
	• 중국명 : 대백채(大白菜)
	• 원산지 : 중국 북부지방

 재배특성

- 발아적온 : 15~34℃(40℃정도에서는 발아하지 못함)
- 생육적온 : 18~20℃
- 생육장해온도 : 12℃이하, 40℃이상
- 구가 잘 자라는 온도 : 15~18℃
- 토양 : 토심이 깊고 물 빠짐이 좋은 토양이 좋음
- 토양산도 : pH 5.5~6.8 정도의 중산성을 좋아함
- 광적응성 : 비교적 약한 광에도 잘 견디며 광포화점 약 4만 lux정도임
- 유기물시용 : 유기질을 충분히 시용하여 튼튼하게 키움

  ※ 12℃이하의 저온을 일주일 이상 연속 경과하면 추대하여 상품가치가 없어지므로 주의해야 하며, 특히 종자를 냉장고에 보관하여도 추대하므로 조심해야 한다.

 재배작형

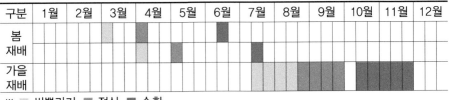

구분	1월	2월	3월	4월	5월	6월	7월	8월	9월	10월	11월	12월
봄 재배												
가을 재배												

※ ■ 씨뿌리기, ■ 정식, ■ 수확

- **봄 재배**
  - 씨뿌리기 : 3월초
  - 정식 : 4월초
  - 수확 : 6월중

  - 씨뿌리기 : 4월초
  - 정식 : 5월초
  - 수확 : 7월중

- **가을 재배**
  - 씨뿌리기 : 7월중~8월중
  - 정식 : 8월말~9월말
  - 수확 : 10월중~11월말

- 파종 : 트레이를 이용하여 파종한다. 상토를 채울 때 트레이 가장자리 부분이 잘 안 채워지므로 이 부분을 누르듯이 채워 주어야 한다. 종자가 작으므로 물을 줄 때 떠내려가지 않도록 파종 후 질석 등 을 이용하여 복토를 해 주면 좋다. 온도차이로 인해 우리나라의 남부지역은 일찍 파종하고 북부지역은 늦게 파종한다.
- 육묘 : 약 20일 정도 육묘한다. 육묘시기는 기온이 높으면 짧아지고 기온이 낮으면 길어진다. 본엽이 약 6매 정도 자랐을 때 옮겨심기를 해 준다. 물을 주는 시기는 모판이 약간 건조한 상태에 시작하여 물이 플러그 트레이 바닥의 구멍을 통하여 빠져나올 때까지 흠뻑 준다.
- 정식 : 봄재배의 경우 너무 일찍 심으면 추대할 위험이 있으므로 평균 기온이 12℃ 이상인 날이 5일 정도 지속되는지를 확인한 후 정식하여 추대를 예방하는 것이 좋다. 정식 후에는 반드시 물을 주어 뿌리가 잘 활착되도록 한다.
- 수확 : 배추의 결구를 위에서 눌러 보아 약 1~2cm 정도 들어갈 때 수확하면 속이 너무 꽉차지 않아 먹기에 좋다.

심는 방법

이랑 만들기

- 거름주는 총량(kg/10a)
  - 요소 : 60
  - 석회 : 90
  - 퇴비 : 3,000
  - 용성인비 : 90
  - 염화가리 : 45
  - 붕사 : 1.5
- 이랑을 만들기 전에 퇴비와 밑거름 비료를 넣는다. 종류별로 밑거름 준비가 어려울 경우 원예용 복합비료를 이용해도 무방하며 이 경우 석회는 따로 넣어주어야 한다. 배추는 단기간에 자라므로 밑거름을 잘 주어야 한다.
- 이랑 만들기는 물빠짐이 좋은 땅은 2줄 재배하고 물 빠짐이 안 좋은 땅은 1줄 재배 한다.
- 1줄 재배는 두둑너비를 60~90cm, 2줄 재배는 두둑너비를 120~150cm로 만들고, 흑색 등 멀칭비닐을 씌워 밭토양의 온도를 유지하고 잡초가 생기는 것을 막는다.

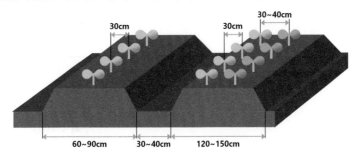

모종심기(정식)

- 심는 간격은 1줄 및 2줄 재배 모두 포기사이 30cm 간격으로 심고 나서 반드시 관수를 해주어 뿌리가 잘 내리도록 한다.

 일반관리

- 날이 더울 경우 배추좀나방, 배추흰나비 등 벌레가 많이 생기므로 더운 계절엔 살충제를 살포해 주는 것이 좋다. 만약 벌레가 많이 생겨서 잎이 망사처럼 뚫려 있다면 서로 다른 2종류의 살충제를 3일 간격으로 번갈아서 4~5회 정도 집중적으로 뿌려 주어야 수확할 수 있다.
- 물주기는 특별하게 가물지 않으면 크게 신경 쓰지 않아도 된다. 그러나 온도가 높은 계절에는 일주일에 1~2회 오전에 물을 주어야 생리장해 발생을 예방할 수 있다.

 병해충 방제

- 뿌리마름병 : 뿌리와 잎이 연결된 부분이 약해지면서 결구된 배추가 비바람에 넘어갈 정도로 약해지는 병이다
  〈방제법〉 이미 발생된 병을 치료할 수 있는 방법은 없으며 예방법으로 퇴비를 많이 주거나 후론사이드 분제 2kg/10a를 밭을 만들 때 퇴비와 함께 넣어 주어야 한다.
- 뿌리혹병 : 어느 정도 결구를 형성하였을 때 잘 발생하는 병으로 햇빛이 좋은 한낮에는 시들시들하게 넘어가 있으나 신선한 아침, 저녁에는 생생해 보이는 증상이 나타나며, 뿌리를 캐 보았을 때 혹이 형성되어 있다.
  〈방제법〉 이미 발생된 병을 치료할 수 있는 방법은 없으며, 토양 전염성 병으로 한번 발생하면 이후 배추, 무, 순무 등은 재배하지 않는 것이 좋다. 예방법으로 석회를 1500kg/10a과 후론사이드 분제 4kg/10a을 넣어 밭을 준비하면 좋다.
- 배추좀나방 : 새잎과 줄기에 많이 붙어있으며, 날이 더울 경우 증식이 매우 빠르므로 주의해야한다. 배추에 등록된 적용약제를 교대로 일주일에 2회 간격으로 살포하면 방제가 가능하다. 벌레가 많을 경우는 보름간 꾸준하게 방제해 주어야 한다. 농약관련 정보는 한국작물보호협회 홈페이지(http://koreacpa.org)에서 작물별, 병해충별 검색이 가능하다.

수확 후 관리법

- 수확은 품종과 재배 지역별로 시기가 다르지만 정식 후 약 60일경 배추의 결구를 위에서 눌러보아 약 1~2cm정도 들어갈 때 수확하면 속이 너무 꽉 차지 않아 먹기에 좋다.

 재배 Tip

- 기르는 Tip
  - 모종을 직접 기르는 것보다 가까운 농장이나 화원에서 우량 모종을 사다 심는 것이 좋다.

- 좋은 모종 고르는 Tip
  - 줄기가 곧고 도장하지 않은 묘
  - 뿌리가 잘 발달하여 잔뿌리가 많고 밀생되어 있는 묘
  - 노화되지 않고 병해충 피해가 없는 묘

- 파종시기 Tip
  - 파종시기는 각 품종별로 종자봉지에서 권장하는 기간에 파종해야 생리장애 및 병해충 예방에 효과적이다.

- 거름주기 Tip
  - 밑거름으로 주는 거름은 심기 1주일 전에 준다.
  - 유기질 퇴비와 인산질 비료는 모두 밑거름으로 주고, 질소와 칼리질 비료는 절반을 웃거름으로 사용한다.
  - 웃거름은 심고 나서 20~25일 간격으로 포기 사이에 흙을 파서 준다.

- 심는 Tip
  - 모종을 흙 높이보다 높게 심어야 생장점 부분에 흙이 들어가지 않아 생육이 좋다. 혹시 심는 과정에 흙이 들어가면 물을 주면서 씻어 내도록 한다.

| 16 부추 | • 학 명 : *Allium tuberosum* Rottler.
• 영 명 : Chinese chives
• 중국명 : 비채(菲菜)
• 원산지 : 중앙아시아 |

 재배특성

- 생육하는 온도 : 적온 18~20℃로 저온성 작물이며, 5℃이하에서는 생육이 정지되며, 25℃이상에서는 생육이 둔화되고, 30℃이상이 되면 생장이 정지된다.
- 시설재배 : 시설재배에서는 28~30℃의 고온 및 다습 그리고 약광 조건에서도 품질에 영향이 없다.
- 토양조건 : 토질은 특별히 가리지 않으나 지력이 좋고 배수 양호한 양토 또는 사양토로서 pH 6.0~7.0의 조건에서 생육이 가장 왕성하다.
- 유기물시용 : 유기질을 충분히 시용한다.

 재배작형

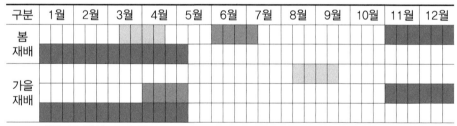

구분	1월	2월	3월	4월	5월	6월	7월	8월	9월	10월	11월	12월
봄 재배												
가을 재배												

※ ▨ 파종, ▩ 정식, ■ 수확

- 봄 재배
  - 파종 : 3월중~4월중
  - 정식 : 6월초~7월초
  - 수확 : 11월초~이듬해 5월초

- 가을 재배
  - 파종 : 8월중~9월중
  - 정식 : 이듬해 4월초~5월초
  - 수확 : 이듬해 11월초~그 다음해 5월초

심는 방법

씨뿌리기(파종)

- 종자는 20시간 정도 물에 담갔다가 음건 후 파종한다. 파종은 봄뿌림과 가을뿌림이 있지만 보통 봄뿌림을 많이 한다.
- 터널 내 온도는 30℃를 목표로 관리하고 5월 상순경까지 피복을 한다.
- 가을뿌림의 파종적기는 8월 중순~9월 상순경으로 이때는 발아가 양호하고 초기생육도 순조로우나 생육 중 추위나 서리피해를 받을 우려가 있으므로 추위막이를 해 줄 필요가 있다.

씨뿌리는 방법

- 두둑너비는 100cm, 이랑사이는 25~30cm, 줄사이 20cm로 하여 파종하며 직파재배시 kg/10a당 2.4~3.0L(육묘정식 1.0~1.5L/10a)정도로 다소 베게 한다.
- 파종 후 복토는 고운 모래로 3~5mm 균일하게 하며 건조방지를 위해 묘상면에 짚을 1cm 두께로 깔아주고 3.3m² 기준으로 5L정도 관수 후 비닐로 피복한다. 추파의 경우 10~12경 발아가 되므로 비닐과 볏짚을 제거함이 좋다.

비료명	총량	밑거름	웃거름		
			1회	2회	3회
퇴비	6,000	4,000	-	1,000	1,000
용성인비	220	100	40	40	40
요소	60	-	20	20	20
염화가리	60	-	20	20	20
고토석회	200	200	-	-	-

정식 및 관리

- 정식준비는 정식 20일 전 깊이 갈이를 하고 정식 10일 전 밑거름을 시용하고 이랑을 만든다.
- 부추의 재식거리는 20X20cm, 깊이 10~12cm로 하여 18주를 한포기로 정식한다.
- 이랑을 만들어 정식 할 때에는 이랑너비 40~50cm, 파종깊이 3cm로 하고 더 이상 밀식해서는 안 된다.

- 관수와 웃거름을 수시로 하여 부추의 길이가 15~25cm 정도 자라면 수확할 때마다 관수와 추비를 한다.
- 수확시 부추를 자르는 높이는 첫 수확시 3~4cm, 그 후 첫 수확의 절단 부위에서 1~1.5cm 이상 남기고 수확한다.

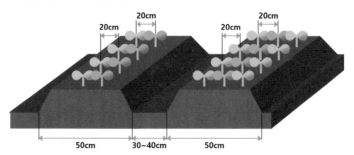

일반관리

- 사질양토로서 유기물 함량이 많고 중성에 가까운 토양으로 배수가 양호한 토양이 좋다.
- 장마기에는 배수를 철저히 하여야 하고 침수와 과습은 식물체를 썩어버리게 한다.
- 수확시간은 너무 아침 일찍 하지 않도록 하고 가능하면 낮에 수확하도록 한다. 수확시 깊이 베면 수확 이후 생육이 늦어지므로 주의하여야 한다.

병해충 방제

- 잿빛곰팡이병 : 잎 중간 부위에 회백색의 반점이 원형 내지는 타원형으로 형성되면서 산재하고, 점차 커지며 수확단계에 이르면 수침상이 되어 잎이 썩게 된다.
  〈방제법〉 이병물은 발견 즉시 제거하여 소각 또는 매몰한다.
- 엽고병 : 잎에 암록색 내지 회백색의 장방형 내지는 불규칙한 병반을 형성하는데 진전되면서 회갈색 내지 갈색으로 변하여 말라죽는다.
- 흰잎마름병 : 잎에 흰 소형 병반이 분산되어 점점이 나타난다. 진전되면 잎 전체가 방추형 내지 부정형의 흰색병반으로 확대되고 심하면 포장전체가 하얀색으로 보인다.
  〈방제법〉 질소질 비료의 과잉과 밀식을 하지 말고 포장 내 통풍이 잘 되게 한다.

- 파좀나방 : 부추의 표피를 뚫고 들어가 잎의 표면만을 남기고 엽육을 갉아먹어 잎 끝부터 희게 마르거나 불규칙한 짧은 흰줄 또는 희거나 누런 반점이 생긴다.

수확 후 관리법

- 부추의 잎끝이 둥글게 자라고 전체 잎길이의 80%정도가 23~25cm 정도 되면 수확을 실시하는데 비닐피복 후 3주(21~25일)정도 지나면 수확시기가 된다.
- 제 2회째 수확은 제 1회 수확 후 2주 정도 지나면 가능한데 이때도 잎길이는 23~25cm 전후가 된다.
- 3회, 4회째도 2회째와 같은 요령으로 수확하며, 수확시 깊이 베면 수확 이후 생육이 늦어지므로 주의하여야 한다.
- 수확횟수는 겨울하우스 재배시에는 3~4회, 봄하우스 재배시에는 4~5회 수확한다.
- 수확 후 부추는 직사광선을 받지 않는 따뜻하고 바람이 부는 장소에서 마른 잎, 병든 잎 등 협잡물을 제거한다.
- 결속재료는 고무 테이프나 부드럽게 한 짚으로 묶는 등 여러 종류가 있다.

재배 Tip

- 기르는 Tip
  - 부추는 산성에 약하므로 산성토양일 경우 석회시용에 의한 토양산도 교정이 필요하다.
- 거름주기 Tip
  - 비료는 많이 주는 편이 수확이 많으므로 충분히 주도록 한다. 특히 완숙된 퇴비를 10a당, 4000kg이상 주는 것이 좋다.
  - 파와 같이 비료가 직접 뿌리에 닿으면 비료장애를 일으킬 정도로 약하므로 비료를 줄 때는 이랑에 뿌리고 흙과 잘 섞은 뒤에 심도록 주의한다.
- 심는 Tip
  - 수확시간은 너무 아침 일찍 하지 않도록 하고 가능하면 낮에 수확하도록 한다.
- 재배기간 Tip
  - 평균 2~3년차에 수확하는 부추가 품질이 가장 우수하다는 의견

17	· 학 명 : *Brassica oleracea* L. var. *italica*
브로콜리 (녹색꽃양배추)	· 영 명 : Broccoli · 중국명 : 경화감람(硬花甘藍) · 원산지 : 지중해 연안

재배특성

- 발아적온 : 15~30℃(25℃ 이상이 유리)
- 생육적온 : 15~20℃
- 생육장해온도 : 5℃이하, 30℃이상
- 토양 : 보수력이 좋고 유기질이 풍부한 pH 6.0정도의 토양이 최적
- 다른 배추과 작물에 비해 고온에서 반응하여 화뢰가 형성되고, 이후 화뢰 발육온도는 15~18℃인 지상부 생육이 왕성한 작물

재배작형(노지재배)

- 중부지역 평지의 경우 봄 재배는 고온다습한 장마철 이전, 가을재배는 첫서리 이전에 수확 가능한 품종을 재배하는 것이 유리하다.
- 품종에 따라 파종, 정식, 수확기가 다르므로 종자구입 때 확인하여야 한다.

구분	1월	2월	3월	4월	5월	6월	7월	8월	9월	10월	11월	12월
노지 재배												

※ ■ 파종, ■ 정식, ■ 수확

· 파종 : 3월초	· 파종 : 7월초
· 정식 : 4월초	· 정식 : 8월초
· 수확 : 6월말	· 수확 : 10월말

심는 방법

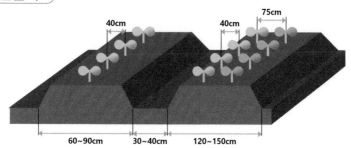

- 고랑 폭을 좁게 하여 1줄 재배 혹은 넓게 하여 2줄 재배가 일반적이고, 두둑 위를 멀칭하여 재배하면 초봄의 지온상승으로 인한 생육촉진 효과가 있고, 생육 중·후기 제초작업의 노동력을 절약할 수 있다.
- 이랑 만들기 전에 아래의 표와 같이 밑거름을 넣어준다.
  - 웃거름은 2회 정도로 나누어진다.

종류	총량(kg/10a)	밑거름(kg/10a)	웃거름(kg/10a)
질소	12.3	8.0	4.3
인산	7.1	7.1	0
칼리	7.0	4.5	2.5
퇴비	1,500	1,500	0
석회	200	200	0
시기	-	정식 15일 전	정식 30일 후

※퇴비, 석회는 실량임

모종심기

- 파종 후, 새로 나온 잎이 5~6엽 정도 될 때 아주심기를 한다.
- 이때 브로콜리 포기 사이의 간격을 40cm 정도로 하여, 비닐멀칭 아래로 5cm 정도 깊이로 구멍을 뚫고 심는다.

- 모종의 뿌리가 상하지 않도록 조심하고, 심을 때 너무 깊게 심지 않도록 모종의 흙이 약간 보일 정도로 흙을 덮고 다시 물을 충분히 준다.

일반관리

- 재배온도 : 낮 20~30℃, 밤 15~20℃
- 비료 요구도 : 보통(밑거름+웃거름)
- 김매기 : 아주심기 후 , 첫 웃거름을 주며 김매기를 해준다. 이때 브로콜리의 줄기 밑둥을 흙으로 복돋워 주어 포기가 넘어지는 것을 막아준다.
- 물관리 : 따로 비가 오지 않을 경우, 일주일에 2회 간격으로 물주기를 하는데, 비닐 멀칭 안쪽을 4~5cm정도 파 보고 건조한 정도를 확인 후 물을 준다.

병해충 방제

- 검은썩음병 : 봄, 가을로 발생하며 초기엔 점무늬로 시작하여, 아랫잎부터 갈색, 흑갈색의 둥근 겹무늬 병반으로 확대된다. 엽맥을 중심으로 V자형 황색 병반이 생겼다가 나중에 자흑색으로 변한다.
  〈방제법〉 건전 종자를 파종하고, 균형잡힌 비료주기로 예방한다.
- 무름병 : 여름에 주로 발생하며, 잎 밑둥과 줄기가 물러 썩는 증상으로, 푸른 상태로 시들고, 심하면 포기 전체가 썩으며 심한 악취가 발생한다.
  〈방제법〉 병든 개체는 일찍 제거한다.
- 노균병 : 봄, 가을, 겨울에 주로 발생하며, 잎 뒷면에 흰색 곰팡이가 발생한다. 화뢰수확기의 줄기 겉부분에 검은색 점이 발생하며 줄기 내부가 괴사되어 흑색으로 변한다.
  〈방제법〉 약제 방제 효과가 낮으므로, 저항성 품종을 재배한다.
- 배추흰나비 : 봄, 가을로 발생하며, 애벌레가 자라나는 잎을 주로 먹기에 육묘기나 생육 초기의 피해가 크다.

수확 후 관리법

- 식용 부위인 화뢰(꽃다발)가 10~15cm 정도 자랐을 때, 부엌칼 등을 이용해 아랫잎을 4~5장 붙여 높이 15cm 정도로 맞춰 자른다. 비가 오거나 이슬이 마르기 전에 수확할 경우, 무름병 세균의 침입 등으로 인해 쉽게 부패하므로 물기 없고 신선한 날씨를 택해 수확하고, 바로 저온에 보관하여야 오래두고 먹을 수 있다.

 ## 재배 Tip

- 기르는 Tip
  - 플러그 트레이, 비닐포트, 플라스틱 상자 등으로 육묘상을 마련하여, 원예용 상토를 90% 정도 채우고 종자를 뿌린 후, 상토로 종자가 보이지 않을 정도만 덮는다.
  - 종자파종 후 충분히 물을 뿌려주고 28~30℃를 유지해 주면, 2~3일 이면 발아하기 시작하여 3~4일 정도면 육안으로 어린 묘를 볼 수 있다.
  - 육묘된 브로콜리를 마련한 밭에 정식할 때는 맑은 날 보다는 흐린 날을 골라 심어 정식 직후 강한 햇볕에 어린 묘가 타는 것을 막아 준다.
  - 정식 후에는 충분히 물을 주어 어린 묘가 마르지 않도록 한다.

- 재배기간 Tip
  - 대부분의 브로콜리 품종은 파종 후 육묘에 1개월, 정식 후 2개월, 총 3개월이면 수확이 가능하다.

- 병충해 관리 Tip
  - 화뢰가 형성되기 전에는 약제에 의한 병충해 방제를 철저히 하여 화뢰 수확기 무렵에는 약제에 의한 병충해 방제를 최소화한다.

18	
상추	

- 학 명 : *Lactuca sativar* L.
- 영 명 : Lettuce, Garden lettuce
- 중국명 : 와거(萵苣), 와채(萵菜), 생채(生菜), 천금채(千金菜)
- 원산지 : 지중해 연안

 ## 재배특성

- 발아적온 : 15~20℃(최고 24℃미만)
- 육묘적온 : 낮(22~23℃), 밤(15~17℃), 지온(18~20℃)
- 정식시 적온 : 낮(22~23℃), 밤(14~15℃), 지온(15℃)
- 생육적온: 낮(21~23℃), 밤(14~17℃), 지온(13~18℃)
- 생육장해온도 : 0℃이하, 40℃이상
- 꽃눈분화 및 추대 : 적산온도 1,400~1,700℃
- 토양 : 토심이 깊고 물 빠짐이 좋은 토양이 좋음
- 토양산도 : pH 6.0정도의 약산성 또는 중성이 좋음
- 광적응성 : 광포화점 약 2만 5천lux, 광보상점은 1만5천~2만 lux
- 유기물시용 : 유기질을 충분히 시용

 ## 재배작형

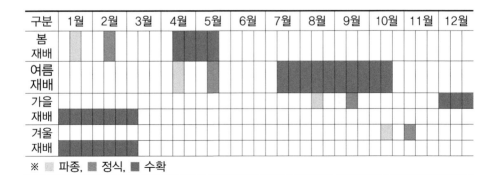

구분	1월	2월	3월	4월	5월	6월	7월	8월	9월	10월	11월	12월
봄 재배												
여름 재배												
가을 재배												
겨울 재배												

※ ▨ 파종, ▥ 정식, ■ 수확

- 봄 재배
  - 파종 : 1월중
  - 정식 : 2월중
  - 수확 : 4월중~5월중

- 여름 재배
  - 파종 : 4월중
  - 정식 : 5월중
  - 수확 : 7월중~10월중

- 가을재배
  - 파종 : 8월중
  - 정식 : 9월중
  - 수확 : 12월초~이듬해 3월초

- 겨울 재배
  - 파종 : 10월중
  - 정식 : 11월중
  - 수확 : 이듬해 1월초~3월초

- 상추는 연중 재배 생산되고 있으며 봄재배, 여름(고랭지)재배, 가을재배 및 겨울재배로 작형을 구분할 수 있으며, 원하는 시기에 파종, 정식할 수 있다.

심는 방법

이랑 만들기

- 거름주는 총량(kg/10a)
  - 요소 : 2.1
  - 염화가리 : 10(밑거름)
  - 석회 : 60
  - 퇴비 : 1,500
  - 용성인비 :1.0
  - 염화가리 : 1.1

- 이랑을 만들기 전에 퇴비와 밑거름 비료를 넣는다.

- 이랑 만들기는 재배형태에 따라서 두둑과 고랑 폭이 결정되는데 보통 80cm 두둑과 40cm 고랑을 만들거나, 시설이나 노지형태에 따라서 자유롭게 두둑을 만들 수 있다. 200공 플러그 트레이에 육묘할 경우 150개가 필요하며, 육묘일수는 25~30일이며 본엽 3~4매로 자르므로 정식하기 좋은 상태이다. 재식거리는 보통 20×20cm 이다.

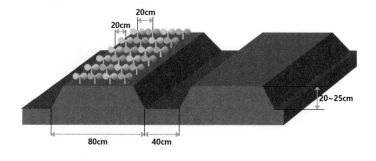

모종심기

- 상추는 본엽 3~4매 때가 정식 적기이며, 심을 때는 너무 깊게 심지 않도록 한다. 보통 떡잎이 보일 정도로 정식한다.
- 상추는 봄철에 생육이 가장 왕성하다. 따라서 관수량을 잘 조절하여 토양수분이 건조하지 않도록 관리한다. 상추는 일반적으로 고설식 분수호스를 설치하여 관수하는데, 이때 물을 충분하게 주어야 뿌리에 물이 고루 흡수될 수 있도록 충분한 관수를 한다. 충분한 관수를 실시하지 않으면 뿌리의 분포도 얕게 분포하고 토양 내 비료성분을 충분히 활용하지 못하고 생육 또한 양호하지 못하게 된다.

일반관리

- 물관리는 분수식 물주기가 보편적이나 잎을 생식하는 상추에서 분수호스 관수는 흙탕물이 튀어서 잎에 묻으면 상품성을 떨어뜨린다. 따라서 비닐 멀칭을 하거나 점적호스로 관수하는 것이 좋다.
- 여름철 고온기에 시설 내 온도 상승을 막기 위해 차광을 할 때는 35% 이하의 흑색 차광망을 사용한다. 차광률이 35%를 넘을 경우에는 상추가 웃자라며 추대가 빨라져서 수량이 떨어지므로 차광망 사용에 유의해야한다.

병해충 방제

병명	증상	원인	대책
노균병	잎 표면에 담황색의 불규칙한 병반, 잎 뒷면에 흰곰팡이 발생	병원균이 잎 표면의 각피나 기공을 통해 침입	환기철저, 육묘관리, 디메토모르포수화제 등 살포
잿빛곰팡이병	잎자루와 잎에 수침상 병반, 병반에 잿빛곰팡이 발생	20℃전후에 많이 발생, 가을~봄 많이 발생	환기철저, 병든 포기 제거, 비닐멀칭
밑둥썩음병	잎자루에 대형 갈색병반, 지제부 부패	토양속 균이 침입, 모판과 본포에 발생, 발병적온은 24℃	배수 개선, 비닐멀칭, 작업시 포기에 흙이 안 들어가게 함

수확 후 관리법

- 신선편이 상추에 적합한 MA포장기술은 신선편이 제품의 유통기간 중 갈변, 이취 및 고 이산화탄소 장해를 억제할 수 있는데, 신선편이 결구상추는 0.5~3%의 산소 및 10~15% 수준의 이산화탄소 농도가 적합하며, 로메인 상추는 0.5~3%의 산소 및 5~10% 수준의 이산화탄소 농도가 적합하다. 그러나 각 원료의 절단 형태에 따른 호흡률, 무게, 포장재의 크기 등에 따라 달라지므로 이를 고려하여 알맞은 산소투과율을 갖는 필름을 선발하여 사용하는 것이 필요하다.
- 신선편이 상추가 10일 이상의 유통기간을 갖고 있으나 국내에서 유통기간이 짧은 것은 원료의 품질에서도 차이가 있지만 저온유통과정이 정착되어 있지 못하기 때문이다. 그리고 슈퍼마켓에서 판매되는 신선편이 상추의 온도도 7~13℃로 선진국의 4~5℃보다 높은데, 신선편이 상추는 가열이 수반되는 조리용이 아닌 바로 먹는 샐러드용으로 신선도 유지를 위한 저온 유통이 필수적이다.

 ## 재배 Tip

- 기르는 Tip
  - 모종은 가능하면 직접 기르는 것보다 가까운 화원에서 우량모종을 사다 심는 것이 좋다.

- 좋은 모종 고르는 Tip
  - 줄기가 곧고 도장하지 않은 묘
  - 뿌리가 잘 발달하여 잔뿌리가 많고 밀생되어 있는 묘
  - 노화되지 않고 병해충 피해가 없는 묘
  - 본엽의 3~4매의 묘가 적당

- 거름주기 Tip
  - 밑거름으로 주는 거름은 심기 2주일 전에 준다.
  - 유기질 퇴비와 인산질 비료는 모두 밑거름으로 주고, 질소와 칼리질 비료 사용시 절반을 웃거름으로 사용한다.
  - 웃거름은 심고 나서 20~25일 간격으로 포기 사이에 흙을 파서 준다.

- 심는 Tip
  - 모종 흙 높이보다 얕게 심어야(떡잎 전까지) 뿌리 활착이 빠르고 병에 잘 걸리지 않는다.
  - 심은 후에 물을 충분히 주어 시들지 않도록 해 준다.

| | 19 생강 | • 학 명 : *Zingiber officinale* ROSC.
• 영 명 : Ginger
• 중국명 : 생강(生薑)
• 원산지 : 인도, 말레이시아 |

 ## 재배특성

- 번식 : 괴경(종생강)으로 영양번식, 발아적온 18℃이상
- 생육적온 : 25~30℃
- 생육장해온도 : 15℃이하
- 토양 : 유기질이 풍부하고 보수력이 있는 양토
- 토양산도 : pH 6.0~6.5의 약산성이 적합

 ## 재배작형(노지재배-육묘)

구분	1월	2월	3월	4월	5월	6월	7월	8월	9월	10월	11월	12월
노지 재배 (육묘)												

※ ■ 파종, ■ 생육기, ■ 수확

- 파종 : 4월중~5월중
- 생육기 : 5월말
- 수확 : 10월중~11월말

 ## 심는 방법

┌─────────────┐
│ 이랑 만들기 │
└─────────────┘

- 거름주는 총량(kg/10a)

- 요소 : 52   - 퇴비 : 2,000∼3,000   - 염화가리 : 36
- 석회 : 150   - 용성인비 : 46   - 붕사 : 1∼2

- 파종 10일 전 퇴비와 비료를 고루 시용한 다음 15cm 이상 깊게 경운 작업한다.
- 이랑 만들기는 폭 60∼65cm로 만들어 1줄로 심는다.

종강준비

- 외관이 싱싱하고 터짐이 없으며, 육색이 선홍색을 나타내는 건전한 것을 선택한다.
- 종강 쪽은 소생강은 40∼50g, 중생강은 80∼100g 정도의 크기로 눈이 2∼3개 정도 되도록 분할하여 심는다. 절단면이 습한 상태로 심으면 부패하는 경우가 있으므로 1∼2일 간 햇볕에 말린다.

종강정식

- 심는 거리는 포기사이 30cm 정도로 심는다.
- 생강 눈이 위로 향하도록 심고 2.0∼2.5cm 정도로 얕게 복토하되 땅위로 노출되지 않도록 한다.
- 볏짚 등으로 피복하여 건조를 방지하고 잡초발생을 억제한다.

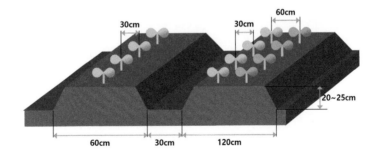

일반관리

- 장기간 재배하므로 기비는 완효성비료를 사용하고, 2회(6월 하순, 9월 상순)추비한다.

- 뿌리가 매우 얕게 뻗는 천근성으로 약하므로 건조시에는 물을 주며, 뿌리썩음병 등이 번성할 우려가 있으므로 이랑사이 물대기는 절대 금한다.

 ## 병해충 방제

- 뿌리썩음병 : 6월부터 8월에 걸쳐서 발생하는 병으로 특히 다습할 때 근경의 지제부가 황갈색의 수침상으로 부패하는 것이 특징이며, 소생강보다는 대생강에서 심하게 발병한다. 윤작을 피하는 것이 우선이고 방제법으로는 종생강을 무병인 것으로 선택한다.
- 도열병 : 초기에는 청백색의 수침상 반점이 생겨 차차 커진 후 갈색의 원형 혹은 타원형 병반으로 된다. 잎의 중앙에 발병하여 가늘고 긴 병반이 나타나기도 한다. 방제법으로는 6월 하순경부터 4-4식 석회보르도액을 살포한다.
- 흰별무늬병 : 가을에 많이 발생하는 병으로 잎에 회백색의 원형반점이 발생하여 점차로 커져서 잎이 말라서 죽게된다. 반제법으로는 4-4식 석회보르도액을 살포해준다.

 ## 수확 후 관리법

- 종강용 생강을 얻기 위해 서리와 저온에 처하기 전에 수확한다.
- 가공용 생강의 수확적기는 노지재배시 10월 하순부터 11월 상순이나 보통 가을에 된서리를 맞은 후 약간 황화고사하는 초기에 수확한다.
- 수확작업은 토양이 심하게 굳어지지 않았으면 포기째 뽑아 줄기를 자르기 전 생강에 붙어있는 흙을 털어내고 줄기와 잎을 제거한다.
- 저장용 생강은 부패병 발생이 없고, 배수가 좋은 밭에서 생산하며, 수확기가 너무 빠르거나 늦지 않도록 한다.
- 저장을 위해 온도 30~33℃, 습도 90~95%에서 8일간 큐어링(상처에 병원균의 침입을 방지하는 것을 목적으로 하는 처리) 처리 한다.
- 저장적온은 12~15℃이며, 18℃이상 계속 유지될 때는 발아되고 10℃이하에서는 부패하기 쉽다. 토굴저장은 경험적으로 온도 13℃, 습도90%를 유지하는 저장시설이다.

 재배 Tip

- 좋은 모종 고르는 Tip
  - 터짐이 없고 색깔이 선황색으로 선명한 것이 좋다.
  - 10℃이하로 저온 저장된 생강은 싹이 잘 안 트므로 확인 후 구매한다.

- 저장 Tip
  - 건조 상태를 좋아하므로 마늘처럼 망 등에 넣어 매달아 두는 것이 좋다.
  - 냉장고 보존시 저온장해가 발생하므로 피하며 표피를 벗긴 생강은 냉동 보존한다.

| 20 — 시금치 | • 학　명 : *Spinacia oleracea* L.
• 영　명 : Spinach
• 중국명 : 파릉초(菠薐草), 파채(菠菜),
　　　　　 홍근채(紅根菜)
• 원산지 : 코카서스 산맥 |

 ## 재배특성

- 발아적온 : 20℃ 내외, 30℃이상에서는 발아율이 떨어지고 발아일수가 길어짐
- 생육적온 : 생육적온 15~20℃
- 생육장해온도 : 최저 3~4℃, 최고 25℃
- 토양 : 토심이 깊고 물 빠짐이 좋은 사질양토가 가장 적합함
- 토양산도 : 중성, 알카리성에서 생육이 잘 되며 pH 6.0 이하에서는 재배곤란
- 광적응성 : 광포화점 약 2~2.5만lux로 다른 채소류에 비하여 낮은 편임
- 거름주기 : 밑거름 위주로 시비하되 웃거름도 속효성비료를 주도록 함

 ## 재배작형

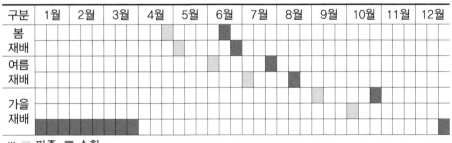

구분	1월	2월	3월	4월	5월	6월	7월	8월	9월	10월	11월	12월
봄 재배				▓	▓	■						
여름 재배					▓	▓	■	■				
가을 재배									▓	▓/■		
	■	■	■									■

※ ▓ 파종, ■ 수확

- 봄 재배
  - 파종 : 4월말
  - 수확 : 6월중
  - 파종 : 5월초
  - 수확 : 6월말
- 여름 재배
  - 파종 : 6월초
  - 수확 : 7월말
  - 파종 : 7월초
  - 수확 : 8월
- 가을 재배
  - 파종 : 9월초
  - 수확 : 10월말
  - 파종 : 10월초
  - 수확 : 12월말~이듬해 3월말

심는 방법

이랑 만들기

- 거름주는 총량(kg/10a)
  - 요소 : 54
  - 퇴비 : 1,500
  - 염화가리 : 20
  - 석회 : 200
  - 용성인비 : 35
- 시금치는 재배기간이 짧으므로 밑거름에 중점을 두고 비료를 주며 특히 산성에 약하므로 석회를 10a당 200kg 공급한다. 이랑을 만들기 전에 이들 비료를 흙과 잘 섞어 양분이 고르게 분포하도록 넣는다.
- 뿌리는 비교적 땅속 깊이 자라므로 땅을 고르기 전에 깊이 경운하도록 한다. 이랑은 두둑 100cm, 고랑은 30cm로 만들고 줄간격 10cm로 4줄 심기한다. 종자는 흩어뿌림(散播)을 하거나 줄뿌림(條播)을 한다.

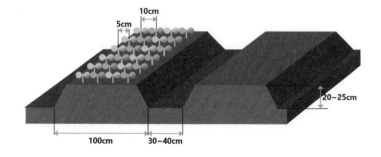

씨앗 담그기 및 파종

- 파종에는 10a당 15~18L 정도의 종자가 필요한데 둥근 것은 적게 들고, 모난 것은 종자가 약간 많이 든다. 줄뿌림의 경우는 씨 뿌릴 자리를 파고 파종 후 흙을 덮어주면 되지만, 전체 이랑에 뿌릴 때에는 갈퀴 등으로 씨뿌림 이랑 위를 긁어서 씨를 덮는다.
- 멀칭은 지온을 상승시키고 건조를 방지하는 효과가 있어 생육이 빠르고 병충해 및 잡초의 발생이 적으며 바이러스병의 피해가 적어 안정된 재배가 가능하다. 또한 포장 및 수확작업이 훨씬 능률적이다. 이른 봄이나 늦가을 같은 추운 시기에는 구멍 크기를 직경 4cm 정도로 작게 하는 것이 좋으며 기온이 높은 시기에는 구멍 크기를 직경 8cm 정도

로 크게 한다. 1구멍 당 파종하는 종자 수는 생육과 수량에 영향을 미치는데, 3~4구멍으로 한단을 묶을 수 있도록 5~6알 파종하는 것이 적당하다.

일반관리

- 씨 뿌릴 이랑을 파고 나서 물을 준 뒤에 씨를 뿌리고, 그 다음 흙을 덮고 가볍게 누르는 것이 표토도 단단하지 않고 이상적이다.
- 석회는 산성토양을 중화시키는 역할 이외에 직접 양분으로 사용하므로 중요한데, 우리나라 밭의 90%이상이 산성토양이므로 10a당 200kg의 석회를 퇴비나 초목회 등과 같이 아울러 사용하는 것이 좋다.
- 시금치는 짧은 기간 동안 급속히 발육하므로 밑거름에 중점을 두고 시비하되 웃거름도 발아 후 10일 간격으로 작형에 따라서 1~3회 정도 주도록 해야 한다.
- 여름 파종의 경우에는 일반적으로 파종 후 1개월만에 수확하여 출하하게 되므로 솎음을 할 사이 없이 한 번에 수확하게 되지만 가을파종을 할 경우에는 본잎이 나오기 시작할 때 1회 솎아주고, 그 후 10일 경에 6cm 간격으로 2회 솎아서 출하하며 제3회는 2회 후 10일 지난 다음에 솎아준다.
- 김매기는 비가 온 뒤에 가볍게 해주는 것이 좋고, 가물 때는 피하도록 하며 어느정도 자란 뒤에는 김을 매어 줄 필요가 없다.

병해충 방제

- 잘록병 : 유묘기에 잘록증상으로 나타나며, 병든 묘는 쓰러지고 말라 죽는다.
  〈방제법〉 토양이 너무 과습하거나 지나치게 건조하지 않도록 주의하며 종자소독을 실시한다.
- 노균병 : 시금치에 가장 많이 발생하는 병으로 포장이 과습하면 잎이 수침상으로 보이다가 황색으로 변한 다음 갈색으로 썩는다.
  〈방제법〉 적당한 간격으로 솎아 내서 생육할 수 있는 공간을 확보해주고, 이랑의 높이를 높여 배수가 잘 되도록 하여 다습하지 않도록 한다.
- 탄저병 : 처음에는 수침상(水浸狀)의 점무늬가 생기고, 나중에는 담황색의 원형 및 타원

형의 병반이 생긴다.

〈방제법〉 종자로도 전염되기 때문에 종자소독을 철저히 한다.

• 응애 : 주로 잎 뒷면에 발생하며 잎을 황화시키다가 꽃까지 피해를 준다.

〈방제법〉 잡초와 아래쪽 잎을 제거하여 해충의 잠복처를 없애고 계통이 다른 약제를 번 갈아 살포하는 것이 좋다. 천적으로는 칠레이리응애, 캘리포니쿠스응애, 긴털 이리응애 등이 있다.

• 거세미나방 : 어린모종의 지제부를 잘라 먹어 피해를 준다.

〈방제법〉 발생이 적은 경우 정기적으로 잡아주고 등록약제를 살포한다.

 ## 수확 후 관리법

• 파종해서 수확까지의 기간은 재배작형에 따라서 다르지만 가을파종이 50~60일, 여름 파종이 30~35일, 봄파종이 40일 정도 된다.

• 시금치는 영양가가 높은 영양채소로서 비타민C 함량이 풍부하다. 이 비타민C는 저장조 건에 따라서 변화가 심하다. 실온에서 3일간 저장할 경우 40%가 소실되고, 7일이 경과 하면 극히 소량만 남는다. 그러나 냉장을 할 경우 거의 감소하지 않아 17일 까지도 약 50%정도를 함유하고 있다. 저장온도는 시금치가 비교적 저온에 강한 작물이기 때문에 -5 ~ -4℃의 온도까지는 그대로 견디어 낸다. 이때 충분한 습기를 주어서 건조에 의 한 수분이 결핍하여 시듦을 방지해야 한다.

 ## 재배 Tip

• 기르는 Tip

– 시금치는 추위에 견디는 힘(내한성)이 강해서 저온에서 생육이 잘 되며 생육적온은 15~18℃ 내외가 적당하다.

– 가을에 파종한 것은 봄에 파종한 것보다 고형물과 당분의 함유량이 많고 잎이 두껍고 연 해서 품질이 좋다.

– 공기 중 습도는 약간 많은 것이 좋으나 지나친 습도는 병 발생을 많게 하며 반대로 지나 치게 건조하면 품질이 떨어진다.

– 토양은 그리 가리지 않으나 물빠짐이 잘되고 표토가 깊고 유기질이 풍부한 토양이 가장

적합하다.

- 산성에 약한 대표적인 채소이므로 토양의 pH는 6.0~7.0사이로 유지해야한다.

• 좋은 모종 고르는 Tip

- 대체로 시금치 품종이 갖추어야 할 조건을 보면 뿌리가 적색인 묘
- 늦게 추대되는 묘를 선택하고 엽수가 많고 잎이 두터우며 엽색이 선명한 녹색인 묘

• 거름주기 Tip

- 시금치는 짧은 기간에 급속히 생장하므로 밑거름에 중점을 두고 시비하되 웃거름은 속효성 비료를 관수와 겸해서 주면 좋다.
- 태풍이 심하게 불거나 폭우가 쏟아져 뿌리가 상한 경우에는 0.5%의 요소액비를 2~3회 정도 살포하면 그 회복이 빠르다.

• 심는 Tip

- 수확 시기는 가격 및 작형을 고려하여 결정해야 한다.
- 특히 수확시기가 늦어지면 줄기의 마디사이가 신장하고 잎자루가 굳어져 상품가치가 떨어진다.

21 쑥갓	• 학 명 : *Chrysanthemum coronarium* L.
	• 영 명 : Edible chrysanthemum, Garland chrysanthemum
	• 중국명 : 동호(茼蒿), 봉호(蓬蒿), 구동호(毆茼蒿), 호자간(蒿子稈), 춘국(春菊)
	• 원산지 : 지중해 연안

 재배특성

- 발아적온 : 15~20℃, 10~35℃에서 발아가 가능함
- 생육적온 : 15~20℃이지만 더위에도 강하여 여름재배도 가능함
- 토양 : 토심이 깊고 물빠짐이 좋은 사양토 혹은 식양토가 적합함
- 토양산도 : 약산성에서 생육이 양호함(pH 6.0~6.5)
- 수분요구 : 뿌리발달이 좋고 생장속도는 상추보다 느려 주당 관수요구량은 상추보다 적지만 재식 주수가 많으므로 실제관수량은 많아야 함
- 광적응성 : 상추와 비슷하며 광합성의 70~80%가 오전 중에 이루어짐
- 재배시기 : 일반적으로 봄·가을에 재배하나 연중재배가 가능함

 재배작형

구분	1월	2월	3월	4월	5월	6월	7월	8월	9월	10월	11월	12월
노지 재배			파종		수확							
가을 재배								파종		수확		
가을 재배										파종		수확
가을 재배		수확										

※ ■ 파종, ■ 수확

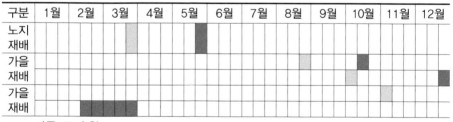

- 봄 재배
  - 파종 : 3월말
  - 수확 : 5월말

- 가을 재배
  - 파종 : 8월말
  - 수확 : 10월중
  - 파종 : 10월초
  - 수확 : 12월말

- 겨울 재배
  - 파종 : 11월초
  - 수확 : 이듬해 2월중~3월말

 **심는 방법**

이랑 만들기

- 거름주는 총량(kg/10a)
  - 요소 : 43
  - 석회 : 200
  - 퇴비 : 1,500
  - 용성인비 : 34
  - 염화가리 : 24.5
- 파종 10일 전까지 밑거름을 넣고 경운 정지하여 이랑을 만든다.
- 이식재배 시에도 정식 10일전까지 밑거름을 넣고 경운 정지하여 이랑을 만든다. 이 때 제초노력을 경감하기 위해 유색필름으로 멀칭을 하는 것이 좋다.
- 멀칭을 할 경우, 물주기를 위해 관수용 점적호스 또는 분수호스를 넣어서 피복한다.

파종 및 정식

- 직파할 경우에 씨를 뿌린 다음 흙은 0.5cm 이하로 얕게 덮어준다. 발아율을 높여주기 위해 파종 전에 관수를 골고루 하고 땅 온도를 20℃로 유지한다.
- 육묘할 경우에는 플러그 트레이에 파종하여 본잎이 3~5매가 되었을 때 본밭에 옮겨 심는데 본밭의 상황에 따라 정식 시기는 조절이 가능하다.
- 육묘기간은 플러그 육묘할 경우 봄·가을은 25~30일, 여름은 25일, 겨울은 30~35일 가량 소요된다.
- 쑥갓을 직파 재배할 경우에는 이랑 폭 100~120cm에 30cm 간격으로 3줄로 조파하고 본엽이 2~3매 때 포기간격 3~4cm 정도 남기고 1차로 솎아주고 다시 본엽 7~8매 정도에 포기간격 8~10cm 정도가 되도록 2차 솎음을 한다.

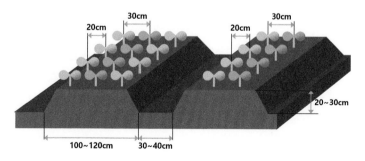

일반관리

- 하우스나 터널재배에서는 관수와 환기가 가장 중요한데, 지나치게 관수를 하면 묘가 웃자라서 병에 걸리기 쉬우므로 조금씩 자주 관수하는 것이 좋다. 또한 될 수 있으면 환기를 자주 시켜 튼튼하고 잎 수가 많도록 유지시켜야 한다.
- 쑥갓은 발아는 주간 20~25℃, 야간 15℃정도에서 발아력이 높으므로 가을과 봄에 관리가 용이하고 생장속도가 빠르다.
- 장일 식물이므로 고온기에 파종하면 발아 후 60일 정도가 경과되면 추대한다.

 병해충 방제

- 탄저병 : 잎에 황백색 무늬가 생겨 점점 커져 불규칙한 병반이 생긴다.
  〈방제법〉 연작을 피하고 배수가 잘 되도록 해야 하며 시설 내에서는 습도가 높아지지 않도록 환기를 철저히 한다.
- 노균병 : 잎 양쪽면이 황화하기 시작하여 크기가 점차 커지고 고사하여 투명하게 된다. 잎의 뒷면에는 회백색의 곰팡이가 발견된다.
  〈방제법〉 배수를 잘 해주고 다습하지 않도록 환기를 철저히 한다. 그리고 살수관수는 노균병의 전파를 돕기 때문에 가능하면 점적관수를 한다.
- 진딧물 : 진딧물에 의해 흡즙이 되면 잎이 뒤틀리고 휘어지고 심하면 고사시킨다.
  〈방제법〉 쑥갓에 등록된 농약을 이용하여 방제하며 반드시 안전사용기준을 준수한다.
- 아메리카잎굴파리 : 유충이 잎의 엽육 조직을 갉아먹으며 굴을 파며 유충이 자람에 따라 점점 커진다.
  〈방제법〉 약제 방제에 앞서 방충망을 설치하여 아메리카잎굴파리의 유입을 막는 것이 중요하다.
- 파밤나방 : 성충이 20~50개씩의 알을 무더기로 산란하므로 부화한 어린유충은 표피에서 집단으로 엽육을 갉아 먹지만 4~5령이 되면 잎 전체에 큰 구멍을 뚫으면서 가해한다.
  〈방제법〉 쑥갓에 등록된 농약을 이용하여 방제하며 반드시 안전사용기준을 준수한다.

- 쑥갓은 생육적온으로 관리할 경우 파종 후 30~40일 정도 지나면 초장이 15cm 이상으로 수확할 수 있다.

- 초장이 20cm 정도 자라면 지제부에서 2~3절을 남기고(잎은 3~4매) 1차 수확하고 1차 수확 후 측지가 20cm 정도 자라면(약 20~30일후) 다시 2차 수확한다.

- 이식 재배할 경우 포기째 수확할 경우에는 파종부터 수확까지 50~60일이면 가능하다.

- 농약살포시에는 살포한 농약의 안전사용 기준에 나와 있는 일자가 경과한 후에 수확해야 하며, 수확하는 작업자는 병원성 미생물에 의한 오염을 막기 위한 최대한 작업자 위생수칙을 준하며 수확작업에 임한다.

| 22 양배추 | • 학 명 : *Brassica oleracea* L. var.*capitata*
• 영 명 : Cabbage
• 중국명 : 감람채(甘藍茱)
• 원산지 : 지중해 연안 |

 재배특성

- 발아적온 : 25℃
- 생육적온 : 15~20℃
- 생육장해온도 : 30℃이상에서 생육이 느려지며, 병충해에 약해짐
- 토양 : 표토가 깊고 배수가 좋은 사질양토로 유기질이 풍부한 약산성 내지 중성토양
- 서늘한 기후를 좋아하는 작물로, 배추보다 고온과 저온에 잘 견디므로 여름재배 및 월동 저장이 비교적 쉬움

 재배작형

구분	1월	2월	3월	4월	5월	6월	7월	8월	9월	10월	11월	12월
노지 재배 (육묘)												
노지 재배 (직파)												

※ ▨ 파종, ▩ 정식, ▧ 수확

- 노지재배(육묘)
  - 파종 : 2월말
  - 정식 : 3월말
  - 수확 : 7월초

- 노지재배(직파)
  - 파종 : 6월말
  - 정식 : 7월말
  - 수확 : 11월초

- 재배적응성이 넓은 양배추는 전국에서 널리 재배되고 있으며, 제주 및 남해안 지역의 월동재배와 강원도 고랭지 여름재배에서 많은 양이 생산된다.

- 전국 평지에서는 주로 봄, 가을재배가 이루어진다.
- 품종에 따라 파종, 정식, 수확기가 다르므로 종자 구입 때 확인하여야 한다.

심는 방법

(이랑 만들기)

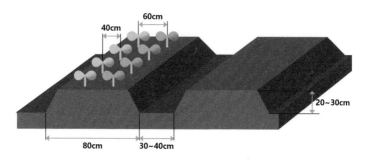

- 두둑은 80cm, 고랑은 30~40cm, 포기간격은 40cm로 심는다.
- 이랑 만들기 전에 아래의 표와 같이 밑거름을 넣어준다.
- 거름주는 양(kg/10a)

종류	총량	밑거름	웃거름		
			1차	2차	3차
요소	25	7	6	6	6
용성인비	20	20	0	0	0
염화가리	24	12	0	6	6
퇴비	1,500	1,500	0	0	0
석회	100	100	0	0	0
붕소	1	1	0	0	0
시기	–	정식기	정식 30일 후	1회 사용 15일후	2회 사용 15일후

※퇴비, 석회는 실량

123

- 파종 후, 새로 나온 잎이 5매 정도 될 때 아주심기를 한다.
- 육묘시 웃자라지 않게 하고, 정식 직전 뿌리를 물에 담근 후 정식해야 이식피해가 적다.
- 이때 포기 사이의 간격을 40~45cm 정도로 하여, 비닐멀칭 아래로 구멍을 뚫고 심는다.

 ## 일반관리

- 재배적온 : 15~20℃
- 물관리 : 결구기 수분 부족시 품질이 나빠지고, 급격한 지온변화를 피하기 위해 아침, 저녁으로 물을 주는 것이 좋다(건조기 : 2줄 재배에 15L/m²)
- 김매기 : 흑색비닐 멀칭재배를 통해 제초 노동력을 줄이는 것이 좋다.

 ## 병해충 방제

- 균핵병 : 고온다습한 조건에서 쉽게 발생하며, 하엽 아래에 백색곰팡이가 생기며 부패하여, 말기에는 개체 전체가 부패한다.
- 무름병 : 하엽부터 발병하여 엽맥을 중심으로 V자형 황색병반이 나타남
- 뿌리혹병 : 포기가 활력이 없고, 황변하며 뿌리에는 혹이 생겨 한낮에는 시들었다가 저녁 때 회복되고 이를 반복하다가 고사한다.
- 배추좀나방 : 애벌레가 잎 뒤에서 가해하고, 결구기에는 포기 속에서 가해

 ## 수확 후 관리법

- 수확기에는 수시로 결구 정도를 확인하여 구가 터지기 전에 수확한다.
- 가을에 수확한 것이 봄에 수확한 것보다 호흡량이 적어 저장에 유리하다.
- 저장온도는 0~2℃이나 10일 이하의 단기저장시 5℃에 저장하여도 품질 차이는 거의 없다.

23 양파	• 학　명 : *Allium cepa* L.
	• 영　명 : Onion
	• 중국명 : 옥총(玉葱)
	• 원산지 : 중앙아시아와 지중해 지역 추정

 ## 재배특성

- 발아적온 : 15～25℃이며 적온보다 더 낮거나 높으면 발아가 불량함
- 생육적온 : 20℃ 내외이며 25℃이상 되면 구의 비대가 둔해지고 생육이 순조롭지 않음
- 토양 : 토심이 깊고 물빠짐이 좋은 토양이 좋음
- 토양산도 : pH 6.3～7.5로 토양적응성이 큼
- 유기물시용 : 다비(多肥)에 적응성이 높으므로 유기질을 충분히 시용

 ## 재배작형

구분	1월	2월	3월	4월	5월	6월	7월	8월	9월	10월	11월	12월
봄 재배	파종		정식			수확		파종		정식		
가을 재배				수확								

※ ▨ 파종, ▧ 정식, ■ 수확

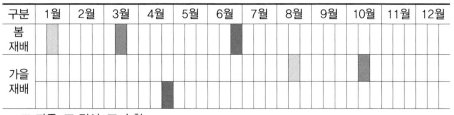

- 봄 재배
  - 파종 : 1월중
  - 정식 : 3월중
  - 수확 : 6월말

- 가을 재배
  - 파종 : 8월중
  - 정식 : 10월중
  - 수확 : 4월말

- 양파의 구 비대에는 일장과 온도가 제한요인이 되고 우리나라의 경우 가을에 파종하여 5～6월에 수확하는 가을파종 재배가 대부분임

심는 방법

모 기르기

- 파종시기는 중생종 기준 평균기온이 15℃(보리 파종기)가 되는 시기에서 육묘일수를 45~55일 거꾸로 계산하여 파종한다.
- 묘상은 관리가 편리하고 햇볕과 바람이 잘 통하며 관수, 배수가 잘되는 곳이 좋다.
  - 산도가 약산성(pH 6~7)이고 토질이 좋은 곳(사질 양토로 유기질이 풍부한곳)
  - 2~3년간 파속(Alium)작물을 재배하지 않은 땅을 이용하여 파종한다.
- 보통의 묘상 면적은 10a당 40~50m²이며 이랑너비 1.2m, 통로 30cm, 이랑높이 12~15cm로 하고 묘상이 선정되면 파종 1개월 전에 소석회와 완숙퇴비 등을 뿌리고 1주일 전에 밑거름과 토양살충제를 뿌린 후 경운하며 잘록병 약은 적용방제 노약을 모판을 만든 후 살포한다.
  - 묘상 시비량(3.3m2당) : 퇴비 8.0kg, 석회 400g, 요소 87g, 용성인비 200g, 염화가리 68g
- 종자소요량은 10a당 6~8dL(300~400g)이며, 당년종자의 발아율은 70%정도이므로 파종 시 이를 고려하여 파종한다.
- 파종은 묘상에 흩어 뿌리는 방법, 6~9cm 간격 파종골을 만들어 파종하는 줄파종, 상토를 채운 트레이에 구멍당 1립씩 파종하는 상자 육묘방법이 있다.
- 파종한 후 물을 충분히 준 다음 볏짚, 부직포 등으로 덮어 보온과 수분을 유지하고 일주일 정도 지나 발아가 되면 피복물을 제거하고 매일 오전과 오후에 물을 충분히 준다.

모종 정식하기

- 중만생종의 아주심기 적기는 10월 하순~11월 상순이며, 조생종은 적기에서 약간 빨리 정식한다.
- 아주심기에 알맞은 묘는 모 기르는 일수가 45~55일이며, 키는 30cm 정도 줄기직경 6~8mm, 1본의 무게 4~6g, 잎 수 4매 정도가 적당하다.
- 우량묘 기준보다 큰 모를 심으면 월동이 잘되나 추대 발생이 많고, 작은 모를 심으면 추대 발생이 적으나 월동 중 말라죽는 포기가 많으며, 수량이 적다.
- 정식 3~4일 전 밑거름, 제초제, 토양살충제 살포 후 3~4일 후 비닐을 씌우고 정식한다.
- 비닐 멀칭재배는 너무 큰 모 정식은 추대 발생이 많으므로 6mm에 가까운 모를 정식한다.

거름주기

- 밑거름을 복합비료로 줄 때는 부족량을 단비로 보충한다.
- 인산질 비료는 묘의 활착을 좋게하고 발근 및 내한성도 증가시키므로 전량 기비로 사용한다.
- 칼리는 구비대 및 저장성에 영향을 주므로 부족하지 않도록 적량 시비한다.
- 질소분이 부족하면 추대가 많아지므로 3월 이후 질소의 비효가 지속되는 것이 적당하다.

시비량(kg/10a)

비료명	총량	밑거름	웃거름
퇴비	2,000	2,000	–
석회	80	80	–
요소	52	17	35
용성인비 · 용과린	39	39	–
황산가리(염화가리)	31(26)	12(10)	19(16)

비닐덮기

- 정식 3~4일 전에 밑거름을 준 후 이랑을 만들고 0.01~0.02mm 비닐을 덮고 정식한다.
- 일손이 부족하여 제초노력을 절감하고자 할 때는 투명비닐에 비해 수량이 조금 떨어지더라도 흑색비닐을 사용하여 재배한다.

심는거리(재식거리)

- 배수조건에 따라 두둑너비를 조절하는데 100cm로 하고, 줄 사이는 20cm, 포기사이는 20cm가 적당하다. 시중에 보통 13~15공 유공비닐을 이용하면 편리하다.

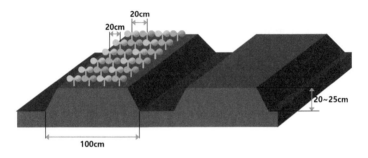

정식 후 관리

- 저온에 견디는 힘이 강한 채소로 −8℃까지 저온에서 동해피해를 입지 않으나 5℃까지는 미약하나마 뿌리의 발육이 서서히 진행된다.
- 수분이 부족한 상태에서 동해나 건조의 해가 크므로 정식 후 충분히 관수해야 한다.
- 월동 수분은 정식 후 관수를 하거나 강우가 1~2회 정도 30mm 정도만 내리면 충분하다.
- 추비는 3월 하순 이전에 끝내야 한다.
- 양파 웃거름 주는 시기 및 주는 량(kg/10a)

재배	웃거름총량		1차(2월 중·하순)		2차(3월 중·하순)	
	요소	황가(염가)	요소	황가(염가)	요소	황가(염가)
가을파종	35	19(16)	17	9(8)	18	10(8)

※웃거름 주는 요령은 비닐 피복재배는 비닐위로 가급적 비오기 직전에 뿌려줌

- 정식 후 비가 올 때 습해 방지를 위하여 사전에 배수구를 설치한다.
- 4~5월 구 비대시기에 가물면 7~10일 간격으로 토양수분이 충분하게 관수한다.

 ## 병해충 방제

- 입고병
  - 모판에서 씨를 뿌려 본 잎이 2매 정도 날 때까지 발생하는 병으로 매년 발생한다.
  - 지상부로 올라온 어린모가 땅 부분과 맞닿는 부분이 연하게 변하여 잘록하게 마른 증상이다.
  - 토양표면 0~5cm 정도에 가장 많이 분포하며 상처로 쉽게 감염된다.
  〈방제법〉
  - 종자가 땅속에서 발아하기 시작할 때 병원균에 감염되므로 파종 직후 살포해야 효과가 크다.
- 노균병
  - 가을 모판부터 발병하여 본밭에서는 4월 중순경 평균기온 15℃일 때 가장 심하게 발병하며 병원균은 식물체 표면에 물기가 2시간 이상 유지될 때 기공을 통해 침입한다.

- 1차 감염주는 가을에 감염하여 2~3월이 되어 다시 발병 2차 감염주는 봄에 발생한다.

〈방제법〉
- 모판에서부터 병에 걸린 포기는 뽑아버리고 건전한 모를 골라 정식하며 병든 잎은 난 포자가 형성되므로 수확 후 줄기나 잎은 모아서 태운다. 약제 방제는 모판에서 철저히 하고 본밭에서는 4월 중순부터 방제를 철저히 한다.

• 고자리 파리
- 어른벌레는 집파리보다 약간 작으며, 애벌레는 유백색의 구더기로 방제하지 않으면 피해가 극심한 해충으로 유충(구더기)이 양파 등의 뿌리나 인경을 가해하는데 밀도가 높을 때에는 한 포기에 수마리~수십마리가 기생하여 피해가 심할 때는 한 포기도 남지 않는다.

〈방제법〉
- 덜 썩은 퇴비를 시용하지 말고 적당한 수분을 유지한다. 피해가 심하면 피해주를 밑부분까지 완전히 뽑아내어 가해한 벌레를 죽이고 살충제를 토양에 골고루 살포한다.

수확 후 관리법

• 도복은 인엽이 형성되어 새잎이 내부로 나오지 않기 때문에 엽초 부분의 조직이 약해져서 스스로 넘어지는 것을 말하며 목적에 따라 수확적기를 결정한다.
- 수확은 맑은 날을 택해서 하고 저장용의 경우는 5~7일간 포장에서 건조를 시킨다.

| 24 오이 | • 학 명 : *Cucumis sativus* L.
• 영 명 : Cucumber
• 중국명 : 황과(黃瓜)
• 원산지 : 인도 |

 ## 재배특성

- 싹트는 온도 : 22~25℃
- 잘 자라는 온도 : 20~22℃내외
- 생육장애온도 : 15℃이하, 30℃이상
- 토양 : 유기물이 풍부하고 물 빠짐이 좋은 식양토가 좋음
- 햇빛의 세기 : 일조가 부족하면 기형과 발생이 증가함
- 유기물시용 : 뿌리가 얕게 분포하므로 유기물을 충분히 시용해야함

 ## 재배작형

구분	1월	2월	3월	4월	5월	6월	7월	8월	9월	10월	11월	12월
노지 재배			파종	정식·생육기	생육기	생육기	수확					
노지 재배 (고랭지)						파종	모종	정식·생육기	수확			

※ ■ 파종, ■ 모종키우기, ■ 정식, ■ 생육기, ■ 수확

- 노지 재배
  - 파종 : 3월말
  - 모종키우기 : 3월말~4월중
  - 정식 : 4월중
  - 생육기 : 4월말~6월말
  - 수확 : 7월초

- 노지재배(고랭지)
  - 파종 : 6월말
  - 모종키우기 : 6월말~7월말
  - 정식 : 7월 하순
  - 생육기 : 8월초~8월말
  - 수확 : 9월초

품종선택

- 백다다기 계통이나 은침오이 품종이 원줄기에 오이가 잘 달려 재배하기 편리하다.
- 미니오이 계통은 암꽃이 많이 피어 수량성이 높고 절간이 짧아서 재배가 간편하다
- 흰가루병, 노균병 저항성 품종을 이용하는 것이 관리하기 좋다.

 오이키우기

모 기르기

- 모 기르는 기간 : 25～35일
- 모 기르는 온도 : 낮 20～28℃, 밤 17～20℃
  ※ 육묘기간이 너무 길면 모종이 노화되어 활착이 나빠지며, 너무 짧으면 잎과 줄기가 웃자랄 염려가 있으므로 주의한다. 모 기르기가 여의치 않은 경우 묘를 구입해서 사용할 수 있다.

밭 만들기

- 거름주기(3.3m²기준)
  - 밑거름 : 퇴비 6～7kg, 고토석회 200g(밭갈기 2～3주 전), 요소 70～75g, 용성인비 81g, 염화가리 14.4g(이랑 만들 때)
  - 웃거름 : 재배기간 중 요소 10.8g, 염화가리 8.4g씩 3회
- 이랑 만들기(아주심기 5～7일전)
  - 재식거리 : 이랑간격 100cm X 포기사이 40cm
  ※ 너무 밀식하면 아래 잎이 햇빛을 충분히 받지 못하므로 주의한다.
  ※ 가급적이면 두둑을 높게 하여 물빠짐이 좋도록 만들고 습해를 예방하고 통기성을 좋게 한다. 두둑에 비닐을 피복하면 지온이 높아져서 활착이 빠르고 잡초제거 노력과 관수노력을 절감할 수 있는 이점이 있다.

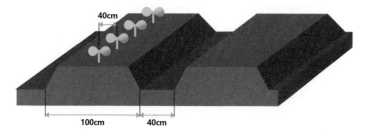

모종정식

- 땅 온도가 최저 15℃이상 되어야 활착이 잘 된다.
- 바람이 없는 맑은 날을 택해 심는다.
- 아주심기 전, 심을 구덩이를 파고 물을 듬뿍 준다.
- 포기사이를 40cm 정도로 심는다.

텃밭에서 키우기

- 재배온도 : 낮 25~28℃, 밤 15~18℃
- 물주기 : 저온기에는 5~7일, 고온기에는 2~3일에 1회 관수(소량다회)
- 유인하기 : 잎이 5~6매 이상 자라면 기다란 막대기로 A자형으로 지주를 설치한 후 오이망을 쳐서 유인한다.
  - 청장계, 다다기 : 어미덩굴을 기른다. 아들덩굴은 순을 지른다.
  - 흑진주, 삼척계 : 어미덩굴의 20~25마디에서 순을 질러, 주로 아들덩굴을 키운다.
- 과실정리 : 오이는 열매가 달리면 식물체 양분이 열매를 키우는데 집중되므로 원줄기 6~7마디까지 암꽃은 일찍 제거해서 식물체가 튼튼하게 자라도록 한다.
- 잎정리 : 줄기 아래 부분의 늙은 잎부터 따 주고, 과실 1개를 수확하면 1~2개의 잎을 제거한다. 아랫잎은 노화되면서 누렇게 되는데 영양분을 소모하고 병도 올 수 있기 때문에 지저분해진 잎은 잘라준다. 또한 오이는 덩굴손이 있는데 덩굴손이 자라는데는 영양분이 소모되고 잎이나 열매를 감아 피해를 줄 수 있기 때문에 잘라주는 것이 좋다.
- 웃거름 주기 : 아주 심은지 1개월 정도 후, 첫 번째 암꽃의 과실이 비대하는 시기에 1차 웃거름을 주고 5일 간격으로 1번씩 꾸준히 준다.

병해충 방제

- 주요병해 : 흰가루병, 노균병, 잿빛곰팡이병
- 주요충해 : 진딧물, 응애, 아메리카잎굴파리
- 병은 일단 발생하면 방제하기가 어렵기 때문에 같은 장소에 박과 작물(수박, 오이, 참외,

멜론, 호박 등)을 계속해서 재배하지 않도록 한다. 주변의 잡초는 빨리 뽑아 없애고 비료를 너무 많이 주지 않도록 하며 오이 밭에 물이 잘 빠지도록 관리한다.

 수확하기

• 아주심기 후 약 30일 전후면 수확이 가능하다. 무게 150g 내외, 길이는 20~25cm 정도의 과실을 수확한다. 수확은 오전 중에 하는 것이 신선도를 오래 유지할 수 있다.

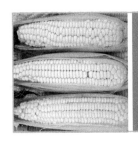

| 25 옥수수 | • 학 명 : *Zea mays* L.
• 영 명 : Corn, Maize, Indian corn, Turkey corn
• 중국명 : 옥촉태(玉燭泰), 포미(包米), 포곡(苞穀),
진주미(珍珠米), 및 옥미(玉米)
• 원산지 : 남아메리카 안데스 산록의 저지대 |

 재배특성

• 발아적온 : 32~34℃(최저 8~11℃, 최고 41~50℃)
• 생육적온 : 25~30℃
• 생육 장해온도 : 10℃이하, 45℃이상
• 토양 : 공기가 잘 통하고, 지하수위가 높지 않으며 유기질이 풍부한 토양이 좋음
• 토양산도 : pH 5.5~8.0의 범위에서 자랄 수 있으나 pH 6.5정도가 가장 좋음
• 광적응성 : 광포화점 약 4만 lux로써 다른 과채류에 비하여 낮은 편임
• 유기물시용 : 유기물 함량을 높여 주어 양분의 유실을 줄여 주어야함

 재배작형

구분	1월	2월	3월	4월	5월	6월	7월	8월	9월	10월	11월	12월
노지 재배 (육묘)			파종		정식	수확	수확					

※ ■ 파종, ■ 정식, ■ 수확

• 파종 : 3월중
• 정식 : 5월초
• 수확 : 6월중~7월중

 심는방법

이랑 만들기

- 거름주는 총량(kg/10a)
  - 요소 : 18(밑거름), 18(웃거름)
  - 염화가리 : 10(밑거름)   – 퇴비 : 1,500
  - 용성인비 : 18(밑거름)   – 석회 : 200
- 이랑너비 80~90cm, 고랑의 너비 60cm로 밭을 준비한다.
- 질소의 절반과 인산, 가리는 밑거름으로 주고, 질소의 나머지 반은 옥수수 잎이 6매 전후가 되었을 때 혹은 무릎높이로 자랐을 때 웃거름으로 준다.

모종심기

- 조간거리 50cm, 주간거리 30~50cm로 2~3립 파종하여 옥수수가 나온 후 2주를 한묶음으로 만들고 나머지를 솎아내고 재배한다.
- 파종깊이는 3~4cm로 하나, 토양이 건조하거나 사질토양에서는 5~6cm 깊이로 파종한다.

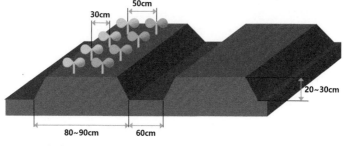

※ 2~3립 파종

 일반관리

- 개화기 전후가 토양수분을 가장 많이 필요로 하는 시기로서 이 시기에 가뭄이 닥치면 옥수수의 수정, 등숙 등에 나쁜 영향을 끼쳐 전체적으로 옥수수 수량에 치명적이 될 수 있다.
- 비닐피복을 통한 단옥수수 재배시에는 개화기 도중 잦은 강우와 집중강우로 인한 습해

가 우려되기도 하는데 이 때는 배수관리에 주의하여야 한다.

 병해충 방제

- 깨씨무늬병 : 고온다습조건에서 발병이 심하며 평야지 재배시 많이 나타난다.
  〈증상〉 잎 표면에 갈색을 띤 작은 반점이 생기고 차차 장원형으로 확대되며 중앙부위가
  　　　 퇴색하여 테무늬 증상을 보인다.
  〈방제법〉 저항성 품종을 심고 병이 걸린 잎사귀를 모아 태우거나 다른 작물로 돌려짓기
  　　　　 (윤작)를 한다.
- 깜부기병 : 병균이 침입하여 발생하는 것으로 주로 이삭에 많이 발생한다.
  〈증상〉 처음에는 흰색의 연한 막으로 싸여 있다가 검은색으로 점차 변화되어 후기에는
  　　　 막이 터지면서 검은색의 가루가 날리게 된다.
  〈방제법〉 종자 살균제에 의한 분의 처리 및 코팅방법으로 소독한 후 파종하여야 한다.
- 조명나방 : 단옥수수 재배시 가장 주의해야 하는 것으로 조명나방 피해를 들 수 있다.
  〈증상〉 유충이 이삭 속에 파고 들어가 상품가치를 현저히 떨어뜨린다.

 수확 후 관리법

- 옥수수알의 수분함량이 30%이하가 되면 수확을 하기에 알맞은 시기이며, 대개 이 시기
  는 품종과 재배환경이 다르지만 수정 후 보통 45~60일 정도이다.
- 손으로 이삭을 딴 후 이삭껍질을 이용하여 걸어서 말리거나 이삭껍질을 완전히 제거한
  다음 이삭을 건조망이나 건조기를 이용하여 말린다.

 식용 옥수수의 종류

- 식용 옥수수 : 주식으로 사용
- 단옥수수(甘味種, sweet corn)
- 찰옥수수(拿種, waxy corn) : 가열하면 점성이 강한 찰녹말이 많다.
- 팝콘(爆粒種, pop corn) : 껍질이 연하고 쉽게 튀겨진다.
- 꼬마옥수수(baby corn) : 미완숙 상태로 샐러드나 중국요리에서 볼 수 있다.

재배 Tip

- 모종이식방법 Tip
  - 옥수수는 화본과 작물이지만 다른 작물과 달리 옮겨심기를 싫어하므로 포트에 모를 키워 뿌리가 상하지 않도록 조심해서 옮겨 심는 것이 좋다. 옥수수 잎은 한 방향으로 나오므로 똑바로 심어야 한다.
- 거름주기 Tip
  - 유기질 퇴비와 인산질 비료는 모두 밑거름으로 주고, 질소와 칼리질 비료는 절반을 웃거름으로 사용한다.
  - 웃거름은 심고 나서 20~25일 간격으로 포기사이에 흙을 파서 준다.
- 수확시기 및 수확요령 Tip
  - 수확시기는 너무 빨리하면 당분함량은 높으나 양이 적고 너무 늦게 하면 건물량이나 이삭무게는 많아지나 당분함량이나 맛이 떨어진다. 수확 시기는 암술머리가 말라갈 때쯤 수확한다.
- 옥수수 알갱이를 알차게 착과시키는 Tip
  - 옥수수는 수꽃과 암꽃의 위치가 다른 자웅이화로 위쪽의 수꽃에서 꽃가루가 암꽃수염에 잘 묻지 않으면 알갱이가 성글게 된다. 꽃가루가 잘 붙어서 결실이 좋게 하기 위해서는 2주씩 한묶음으로 심는다.
- 맛있게 옥수수를 먹는 Tip
  - 단옥수수는 수확 직후 당분이 호흡으로 소모되고, 상온에서 33시간이 지나면 전분으로 전환되므로 수확당일에 쪄 먹는 것이 제일 맛이 좋다.

| 26 완두 | · 학 명 : *Pisum Sativum* L.
· 영 명 : Pea, Garden pea, Common pea
· 중국명 : 완두(豌豆), 완(豌), 청소두(靑小豆)
· 원산지 : 지중해 연안 |

 재배특성

- 발아적온 : 25~30℃(최저1~2, 최고 35~37℃), 장명종자로 4년 정도 발아력 유지
- 생육적온 : 12~16℃(최저 4~5, 35℃이상에서 생육정지)
- 토양 : 배수가 좋은 질참흙 또는 참흙이 적당
- 토양산도 : 산성토양에는 생육이 부진하므로 약산성 또는 알칼리성 토양에서 재배
- 저온춘화 : 최아종자나 유식물을 0~2℃의 저온에 10~15일 개화가 촉진

 재배작형

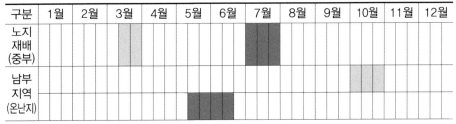

구분	1월	2월	3월	4월	5월	6월	7월	8월	9월	10월	11월	12월
노지 재배 (중부)			파종				수확					
남부 지역 (온난지)					수확					파종		

※ ▨ 파종, ■ 수확

- 노지재배(중부)
  - 파종 : 3월중~3월말
  - 수확 : 7월초~7월말
- 남부지역(온난지)
  - 파종 : 10월초~10월말
  - 수확 : 이듬해 5월중~6월중
- 남부지방은 10월 초순경에 파종하여 그 다음해 5월경에 수확하고 중부지방은 3월 중·하순경에 파종하여 7월에 수확한다.

 **심는방법**

이랑 만들기

- 거름주는 총량(kg/10a)
  - 요소 : 8.7
  - 염화가리 : 16.8
  - 퇴비 : 1,500
  - 용성인비 : 50
  - 석회 : 150
- 씨뿌리기 15일 전에 밭을 준비하며, 산성에 약하므로 반드시 석회를 뿌린다.
- 이랑은 아래의 그림처럼 60cm로 만들고 고랑을 50cm로 준비한다.
- 10a당 요소 8.7kg, 용성인비 50kg, 염화가리 16.8kg을 밑거름으로 모두 시용한다.

모종심기

- 재식밀도는 만성종의 경우 포기사이 30cm(왜성종 20cm)로 하고 2~3립씩 점파한다.
- 2줄 재배의 경우 두둑너비 60cm에 고랑너비 50cm로 준비한다.
- 모종이 10cm 정도 자라면 세력이 좋은 것 2개를 남기고 솎아준다.

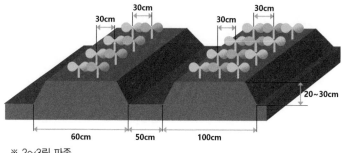

※ 2~3립 파종

 일반관리

- 주로 재배하는 품종들은 경장이 80cm 내외가 되는데 지주를 설치하여 재배하면 수량성, 고품질, 조기수확 등 유리한 점이 많으나 노력이 많이 든다.
- 완두 덩굴을 유인하는 방법은 농가에 따라 다소 차이가 있지만 무지주, 바인더줄 유인,

망유인 등이 주로 행해지고 있다. 망으로 유인하였을 경우 풋완두 수량의 증수를 기대할 수 있다.

병해충 방제

완두에 발생하는 주요 병해에는 바이러스병 · 갈색무늬병 · 흰가루병 · 뿌리썩음병 · 녹병 등이 있고, 충해로는 완두콩바구미 등과 같은 충해가 발생한다.

- 바이러스병 : 가장 방제가 어려운 병으로 오갈병 또는 위축병이라고 한다.
  〈증상〉잎이 오그라들거나 쪼글쪼글하며 잎의 색깔이 부분적으로 연한 초록색으로 얼룩 덜룩하다.
  〈방제법〉약으로 방제할 수 없으며, 병의 매개체인 진딧물을 방제하거나, 병이 심한 개체 를 일찍 뽑아 주어서 병 발생을 줄인다.
- 갈색무늬병 : 엽, 엽병, 줄기, 꼬투리 등 지상부 전체 부분에서 발병한다.
  〈증상〉처음에 자갈색의 반점을 생성한 뒤 확대되어 커지며 황변하여 마른다.
  〈방제법〉예방을 위해서 건전한 종자를 사용하여야 하며 완두에 등록된 약제로 종자소 독을 한다.

수확 후 관리법

- 개화 후 30일이면 수확이 가능하며, 종실이 익은 것부터 수확한다. 수확한 종실은 수분 13%이하로 건조시켜 서늘한 장소에 보관한다.
- 꼬투리를 식용으로 이용할 때에는 종실이 굵어지기 전에 수확하고, 푸른 알을 식용으로 할 때에는 꼬투리가 변색되기 전에 수확한다.

재배 Tip

- 모 기르기 Tip
  - 직파 이외에도 모를 길러 밭에 이식할 수 있으며, 96~128구에 씨를 2개씩 넣고 본잎이 4~5장(발아 후 2주 후)정도인 모종을 밭에 심는다.

• 유인 및 지주세우기 Tip
 – 지주는 대나무나 막대기를 이용하는 수도 있으나 2m정도의 열매채소용 지주를 구입하여 사용할 수 있다.
• 비료주기 Tip
 – 꼬투리를 차례로 수확하므로 질소가 부족할 수 있으므로 수확량을 유지하기 위해서는 웃거름을 준다. 완두는 비료 3요소의 흡수비율이 팥과 비슷하고 비교적 많은 비료를 필요로 하므로 상당량의 비료를 사용해야한다.
• 완두의 연작재배 Tip
 – 완두는 연작하면 발아가 불량하거나, 발아하더라도 뿌리의 발달이 저해되므로 바로 시들어 버리는 경우가 많다. 이것을 연작장해라고 하며 토양에 병원균이 남아 있거나 뿌리의 분비물이 생육을 저해하기 때문이다. 동일한 장소에서 3년 이상 재배를 피하고 다른 작물을 재배하는 것이 좋다.

27 쪽파		• 학 명 : *Allium × wakegi* ARAKI • 영 명 : Wakegi • 중국명 : 동총(東總), 과총(科總) 자총(慈蔥), 　　　　 대궁총(大宮總) • 원산지 : 불명

 ## 재배특성

- 생육적온 : 15~20℃ 낮 30℃, 밤 25℃로 하면 발아가 촉진됨
- 생육장해온도 : 10℃이하에서 생육이 지연되고, 5℃이하가 되면 생육정지
- 토양 : 토심이 깊고 물 빠짐이 좋은 토양이 좋음
- 토양산도 : 산성토양에 약하므로 pH 6.5정도의 약산성 또는 중성이 좋음
- 유기물시용 : 다비에 적응성이 강하여 유기질을 충분히 시용

 ## 재배작형

구분	1월	2월	3월	4월	5월	6월	7월	8월	9월	10월	11월	12월
봄 재배				▨		■	■					
가을 재배								▨		■	■	

※ ▨ 파종, ■ 수확

- 봄 재배
  - 파종 : 4월중
  - 수확 : 6월중~7월중

- 가을 재배
  - 파종 : 8월중~9월 상순
  - 수확 : 10월말~11월말

- 봄재배는 4월 상순~5월 상순에 종구를 파종하며 너무 빠르면 휴면 때문에 발아가 불균일하고 수량이 감소한다.
- 가을재배는 8월 중순~9월 상순에 종구를 파종하며 너무 늦으면 생육이 부진하고 빠르면 구가 너무 커진다.
- 종구 파종 후 약 40일 정도면 수확할 수 있으며 포기가 크고 좋은 것부터 3~4회에 걸쳐 수확한다.

 심는방법

씨쪽파 준비

- 씨쪽파는 알이 단단하고 윤기가 있는 것을 선택한다.
- 씨쪽파는 5g이상의 큰 것이 수량이 많으며 2∼3개씩 붙여 쪼갠다.
- 파종 전에 등록된 약제를 이용하여 종구소독을 한다.

씨쪽파 심기

- 거름주는 총량(kg/10a)
  - 요소 : 25(추비 15)
  - 석회 : 200
  - 퇴비 : 2,000
  - 용성인비 : 6.5
  - 염화가리 : 14(추비 6)
- 퇴비와 석회는 씨쪽파 심기 2주 전에 뿌리고 밑거름은 1주 전에 뿌린 다음 밭을 갈고 고른 다음 100∼120cm 두둑을 만들어 흑색 유공필름이나 투명필름으로 덮고 줄간격 20cm, 포기간격 15cm로 씨쪽파를 심는다.
- 씨쪽파는 큰 것은 한 개, 적은 것은 2∼3개를 붙여 2∼3cm 깊이로 심는다.

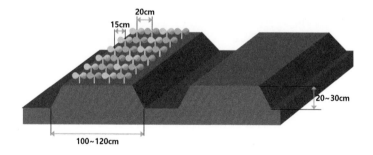

 일반관리

- 파종 후 잎이 3∼4개 정도 나오면 웃거름(추비)을 한다.
- 쪽파는 생육기간이 짧아 항상 적당한 습도가 유지되도록 물주기를 한다.

- 가을에 수확할 경우에는 흰 부분이 많게 하기 위해서 북주기를 충분히 해 주고 봄에 수확할 경우에는 북주기를 얕게 하여 줄기를 튼튼히 키운다.

 병해충 방제

- 노균병 : 월동용 쪽파는 3~4월과 10월 초 비가 많을 때 심하게 발생하고 잎면에 장타원형이나 황색반점이 생기면 나중에 흰 곰팡이가 생겨 말라죽게 한다.
- 무름병 : 뿌리가 썩고 잎이 노랗게 변색된다. 식물체의 상처를 통해 병균이 침입한다. 온도가 높고 다습할 경우 많이 발생한다.
  〈방제법〉 상처를 통해 병균이 침입하므로 고자리 파리가 발생하지 않도록 잘 썩은 퇴비를 사용한다.
- 흑반병 : 잎 부분에 타원형의 둥근 반점이 생기며 나중에는 그을음 같은 둥근무늬를 형성한다. 여름철 장마기에 많이 생긴다.
  〈방제법〉 종구소독을 하며 발생시에는 등록된 살균제를 뿌린다.
- 고자리파리 : 뿌리부분을 갉아 먹는 애벌레로 미숙퇴비나 인분을 뿌릴 때 많이 발생한다.
  〈방제법〉 미숙퇴비 및 인분뇨 사용을 억제하고 건조시 물주기를 한다.

 수확 후 관리법

- 새끼치기가 시작되고 잎이 무성해지면 수확할 수 있다.
- 수확은 큰 것부터 3~4회 나누어서 수확한다.
- 씨쪽파로 쓸 것은 밭에 그냥 남겨두어 잎이 마르면 수확하여 잘 말린 후 보관한다.

 재배 Tip

- 기르는 Tip
  – 화분이나 스치로폼 상자에 씨쪽파를 심어 자라면 윗부분을 여러 차례 수확할 수 있다.
- 좋은 모종 고르는 Tip
  – 단단하고 광택이 있는 것이 좋다.

– 큰 것이 생육이 좋고 수량이 많다.
- 거름주기 Tip
  – 웃거름은 심고 나서 잎이 3~4개 나왔을 때 뿌리고 충분히 물주기를 한다.

28
참외

- 학 명 : *Cucumis melo* L. var. *makuwa* Makino
- 영 명 : Oriental melon
- 중국명 : 과(瓜), 첨과(甛瓜), 진과(眞瓜)
- 원산지 : 인도 동북부

 ## 재배특성

- 발아적온 : 30℃
- 생육적온 : 낮 25~30℃, 밤 18~20℃(최저기온 12℃)
- 토양 : 토양적응성이 넓은 편으로 사양토~양토가 이상적임
- 토양산도 : pH 6.0~6.5
- 광적응성 : 광포화점 5만~6만 lux로 오이보다 높음
- 유기물시용 : 다비(多肥)에 적응성이 강하여 유기질을 충분히 시용

 ## 재배작형

구분	1월	2월	3월	4월	5월	6월	7월	8월	9월	10월	11월	12월
노지재배												
조숙재배												

※ ■ 파종, ■ 정식, ■ 수확

- 노지재배
  - 파종 : 4월말
  - 정식 : 5월말
  - 수확 : 7월말
- 조숙재배
  - 파종 : 3월중
  - 정식 : 4월중
  - 수확 : 6월중
- 참외가 요구하는 환경조건이 까다롭고 수요가 계절적으로 편중되어 있어 참외의 작형은 다양하지 못하다.
- 최근의 참외재배는 노지재배보다는 하우스나 터널을 이용한 재배가 대부분이며 노지보

통재배는 이루어지지 않고 있다.

- 씨뿌리기 및 묘 기르기
  - 파종량은 아주심기 할 모종의 2배 정도로 하고, 시판종자는 소독하여 판매되므로 별도의 종자소독은 하지 않아도 된다.
  - 파종은 30X60cm 크기의 상자를 이용하여 줄뿌림한다.
  - 참외 파종상의 온도는 발아까지 30℃정도, 발아 후에는 낮 25℃, 밤 20℃로 유지한다.
  - 육묘일수는 35~40일이며 정식 1주일 전부터 온도를 서서히 낮추어 모종을 굳힌다. 육묘 중 본엽이 5~6매 일 때 4~5마디에서 생장점을 제거하여 아들덩굴의 발생을 고르게 해준다.

 ## 심는방법

┌─────────────┐
│ 이랑 만들기 │
└─────────────┘

- 거름주는 총량(kg/10a)
  - 요소 : 30(밑거름), 26(웃거름)   – 용성인비 : 38
  - 염화가리 : 14(밑거름), 13(웃거름)
  - 고토석회 : 500   – 퇴비 :1,500
- 정식 2개월 전에 퇴비와 고토석회를 정식포 전면에 시용하고 깊이갈이를 한다.
- 두둑은 넓이는 150cm이상, 높이는 30cm로 높게 만든다.
- 토양수분이 충분하도록 관수를 해 주고 비닐멀칭을 하여 지온을 높인다. 저온기에는 늦어도 정식 10일 전까지는 투명 PE필름으로 멀칭과 터널피복을 하여 지온을 높여야 하며, 지온이 15℃이상 확보되면 정식한다.

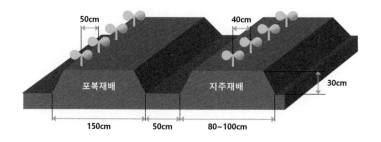

- 심기 하루 전에 모종 포트에 충분히 관수를 하여 모종을 포트에서 빼 내면 흙이 부서지지 않도록 한다.
- 참외는 천근성 작물로 뿌리가 얕게 분포하므로 육묘용 상토가 약간 보일 정도로 얕게 심는다.
- 밀식은 잎이 서로 겹치게 되어 채광량이 떨어지고 착과가 불량하게 되므로 적정한 재식거리를 유지한다.

- 두둑의 넓이는 120cm, 높이 10~20cm로 하고 고랑폭은 30~40cm로 한다.
- 참외 정식하기 전에 두둑에 지지대를 두둑 바깥쪽에서 30cm 안쪽에 꽂아 서로 맞닿게 한 다음, 네트로 망을 쳐서 설치한다.
- 참외 모종은 1m 이상으로 하고 포기 사이를 40cm 정도로 정식한다.
- 참외가 네트를 타고 올라가면 집게로 잡아 유인해 준다. 일주일에 한번씩 적심과 함께 유인작업도 함께 해준다.
- 어미줄기(본잎)이 5장 나왔을 때 적심을 하고, 아들줄기 1, 2번을 따내고 3, 4, 5번을 키운다.

노지재배

덩굴성

- 순을 지른 줄기는 곁순이 2~3개 나오는데 생육속도가 비슷한 2개를 골라 키우고 나머지 곁순은 제거한다.

- 이 아들덩굴이 길게 자라면서 다시 곁순(손자덩굴)이 나온다. 5~6마디 아래에서 나오는 곁순은 모두 제거하고 그 이후에 나오는 곁순(손자덩굴)을 키우면 1~2마디에서 어린 참외가 달린 암꽃이 핀다.

- 수꽃의 꽃가루를 암술머리에 묻혀 수정시킨다. 어린 과실이 예쁘지 않으면 커서도 예쁘지 않으므로 어린 암꽃이 예쁜 것을 골라야 한다.

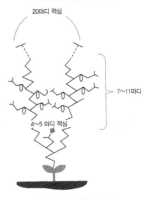

참외 정지법(2줄기)

병해충 방제

- 바이러스병 : 잎과 과실에 모자이크 증상이 나타난다. 바이러스의 종류에 따라 병징의 차이가 있지만 동일한 바이러스도 재배환경 및 품종에 따라 동일한 병징을 나타내지는 않는다.
  〈방제법〉 바이러스 매개충인 진딧물을 방제하고 종자전염을 방지하기 위해 10% 제 3인산소다액에 2시간 침지하여 물로 세척하여 파종한다.

- 노균병 : 잎에 발생하는데 초기 병징은 잎에 노란색 반점이 형성되고 점차 확대되어 엽맥을 따라 다각형의 갈색 병반이 나타난다. 잎 뒷면에는 세균에 감염된 것과 비슷한 표징을 나타내어 세균성 반점병과 혼돈하기 쉬우나 감염이 진전될수록 흑연가루와 같은 검은 분생포자를 형성하므로 구별이 가능하다. 심하면 잎 전체가 마르고 식물체가 고사하는 경우도 있다.
  〈방제법〉 초기에 방제하지 않을 경우 급속하게 진전되므로 주의해야 하며 질소 과다시에는 칼리를 많이 준다. 밀식을 피하고 영양분이 부족하지 않도록 시비하는 것이 중요하다.

수확 후 관리법

- 과실이 열린 후 23~25일 경에 수확이 가능하다. 과실 색깔이 짙은 황색을 띠고 골이 깊으며 과형이 짧은 원통형으로 당도가 높고 육질이 아삭아삭한 과실이 참외에서 가장 이상적인 과실이다. 과실의 크기는 400~500g정도가 가장 보기가 좋다.
- 수확 직후 차가운 물에 담가 예냉을 실시하여 과일의 온도를 낮추어 저장성을 향상시킨다. 이후 직사광선이 비치는 곳을 피하고 10℃ 정도의 낮은 온도에서 보관한다.

 ## 재배 Tip

- 온도관리 Tip
  - 참외의 생육적온은 주간 25~30℃, 야간 18~20℃이지만 서서히 순화시키면 야간 온도가 이보다 좀 낮아도 큰 지장은 없고 주간 온도는 이보다 다소 높아도 재배상 큰 문제는 없다.
  - 주야간 온도 차이가 지나치게 크면 바람직하지 못하므로 야간 온도가 생육적온보다 낮다고 하여 낮에 지나치게 밀폐하여 고온으로 관리하는 것은 바람직하지 못하다.
  - 관수시각은 온도가 높아진 후에 주는 것이 좋다. 모종을 직접 기르는 것보다 가까운 화원에서 우량 모종을 사다 심는 것이 좋다.
- 토양수분관리 Tip
  - 정식시부터 활착할 때까지는 토양수분을 충분히 준다.
  - 덩굴이 자랄 때는 충분히 관수하고, 착과기에는 관수량을 줄여 토양수분 함량을 낮춘다.
  - 착과가 끝나면 충분히 관수하여 과실비대를 촉진시키고 과실의 성숙 후반기 즉 착색되기 시작할 때부터는 관수량을 줄인다.
  - 관수시각은 오전 10시경이 적당하다.

29

토마토

- 학 명 : *Lycopersicon esculentum* Mill.
- 영 명 : Tomato
- 중국명 : 번시(蕃柿), 서홍시(西紅柿), 적가자(赤茄子)
- 원산지 : 남아메리카 서부고원지대인 페루, 에쿠아도르 일대

 재배특성

- 발아적온 : 25～30℃
- 육묘적온 : 낮(25～27℃), 밤(18～20℃), 지온(20～23℃)
- 정식시적온 : 낮(25～27℃), 밤(17℃), 지온(20～23℃)
- 생육적온 : 낮(25～28℃), 밤(15～17℃), 지온(18～25℃)
- 생육장해온도 : 13℃이하, 33℃이상
- 토양 : 과습에 약함, 양토 또는 식양토
- 토양산도 : pH 6.0～6.4 정도의 약산성
- 유기물시용 : 유기질을 충분히 시용

 재배작형

구분	1월	2월	3월	4월	5월	6월	7월	8월	9월	10월	11월	12월
노지재배												

※ ▨ 파종, ▨ 정식, ▨ 수확

- 파종 : 3월초
- 정식 : 4월말
- 수확 : 6월말
- 토마토는 시설 내에서는 연중재배가 가능하나 노지에서 재배할 경우에는 3월 상순경에 씨를 뿌려서 60일정도 육묘를 한 다음에 본밭에는 4월 하순에서 5월 상순경에 아주심기를 하면 된다. 6월 하순경부터 9월 중순까지 과실을 수확할 수 있다.

154

심는방법

거름주기 및 이랑 만들기

- 거름주기
  - 밑거름 : 정식하기 15일전에 10a당(300평) 퇴비 2,500kg, 석회 100kg, 붕사 2kg을 사용하여 토양을 깊게 갈고 질소 24kg, 인산 16.4kg, 칼리 23.8kg를 전층시비한다. 이때 인산은 전량 밑거름으로 주고 요소와 칼리는 1/2 또는 1/3만 밑거름으로 주고 나머지는 웃거름으로 주는 것이 좋다.
  - 웃거름 : 재배기간 중 요소 5kg씩 4회, 염화가리 5kg, 3kg, 3kg 3회 시비한다.
- 이랑 만들기
  - 이랑은 급격한 지하수위의 영향을 받지 않게 하고 통기성 등을 고려하여 25~30cm 정도로 높게 하는 것이 좋다. 저온기 재배시에는 비닐멀칭을 하여 지온을 높여 주어 뿌리의 활력을 증진시켜 비료 이용률을 높인다.

모종심기

- 모 기르는 온도 : 낮 최고 기온 28℃이하, 밤 18℃로 관리
- 보다 튼튼하고 균일한 묘로 키우기 위해서는 포트간의 간격 또는 트레이 간의 간격을 넓혀 광을 충분히 받을 수 있도록 하고 육묘상에서의 위치를 옮겨주어 골고루 채광이 되도록 한다.
- 정식에 적당한 묘는 본잎이 7~9매 전개되고 제 1화방의 꽃이 약 10%정도 개화된 묘가 적당하다.
- 재배온도 : 낮 25~30℃, 밤 18~20℃
- 물주기 : 보통(2~3일 간격)

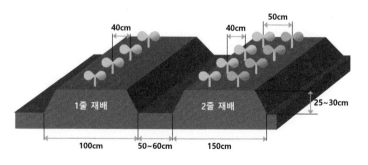

겨울	봄·가을	여름	비고
5~7일	3~4일	1~2일	토양의 성질 및 지하수위에 따라 관수간격 조절

- 비료요구도 : 보통
- 비와 바람에 쓰러지는 것을 막기 위해서 토마토를 심은 후 10일 정도 지나면 길이 120~150cm의 대나무, 각목, 철근, 파이프 등을 일정한 간격으로 꽂고 끈이나 줄로 식물체를 잡아 묶어준다.

일반관리

- 정식에 적당한 묘는 본엽8~9매, 제 1화방 꽃이 보이거나 10%개화된 상태로 봄철에는 50~60일 전후 육묘한 묘가 적당하다.
- 정식은 기온이 낮을 때는 오전 중, 기온이 높을 때는 오후 3시 이후에 하는 것이 좋다.
- 정식 전 뿌리 활착이 쉽도록 땅을 습하게 2~3일 전 촉촉할 정도로 관수한다.
- 물주기는 가능하면 분수호스 또는 점적호스를 이용하여 규칙적으로 주는 것이 과습방지, 지온확보 및 물리성 유지에 좋다. 지나친 물주기는 배꼽썩음, 양분결핍 등 생리장해를 유발하기 때문에 적은양으로 자주 관수하는 것이 좋다.
- 측지제거는 초세가 약할 때는 제거시기를 다소 늦추고 강할 때는 빨리 제거하는 것이 좋으며, 체내 수분함량이 많은 오전이 좋다.

병해충 방제

- 토마토 생리장해 증상, 원인 및 대책

생리장해	증상	원인	대책
배꼽썩음과	과실의 배꼽 부분이 수침상으로 썩음	과실비대기 석회부족, 늙은 묘 정식 등	발생초기에 0.5%의 염화칼슘 수용액을 1주일 간격으로 2~3회 살포
공동과	젤리상의 부분이 충분히 발육하지 못하여 바깥쪽의 과육 부분과 틈이 생김	일조부족, 저온, 고온 등으로 수정이 제대로 이루어지지 않을 때 발생	과번무가 되지 않도록 하고 일조가 약할 때는 식물체가 햇빛을 잘 받도록 함

생리장해	증상	원인	대책
열과	과일의 측면 및 윗부분이 갈라지는 것	건조 후 비가 올 때 발생이 심함, 성숙기에 내용물이 지나치게 충실해져서 나타나는 현상으로 온도 변화가 잦은 시기에 많이 발생	토양을 깊게 갈고 유기물을 충분히 시용하고 토양은 극단적인 건조나 과습을 피함, 과도한 순지르기나 잎 따기는 삼가

• 토마토에 발생하는 병해충 증상, 원인 및 대책

생리장해	증상	원인	대책
잿빛곰팡이병	과일에 암갈색의 수침상인 작은 병반이 형성, 잎에는 갈색의 커다란 둥근 병반을 형성	20℃전후의 저온과 다습 조건이 주요한 발생원인	병든 잎과 과일은 일찍 제거, 습하지 않도록 배수관리
풋마름병	낮에는 위에 있는 잎이 시들고 아침과 저녁에는 회복되다가 2~7일 후에 갑자기 전체가 시들어 죽음	병원균은 세균으로 토양에서 월동, 기온이 높고 배수가 불량한 토양에서 발생	발병지는 가지과 작물 3년 이상 연작 금지. 포장은 물이 고이지 않도록 배수를 철저히 함
아메리카잎굴파리	잎 표면에 흰색의 작고 길다란 줄이 보임	시설 내에서는 연중 발생하여 15회 이상 발생할 수 있다. 질소 함유량이 많은 식물을 선호하는 경향이 있음	유충의 피해가 없는 건전한 묘를 사용

 ## 수확 후 관리법

• 토마토는 수정 후 3~5일이면 착과가 되고 30일 후면 과실비대가 완료된다. 토마토 수확은 여름에는 30~40%, 가을 · 겨울에는 60~70% 착색되었을 때가 적당하다.

 ## 재배 Tip

• 좋은 모종 고르는 Tip
 – 줄기가 도장하거나 번무하지 않은 것
 – 잎색은 진한 녹색으로 보랏빛이 없으며 하엽이 황변, 고사가 없는 것
 – 노화되지 않고 병해충 피해가 없는 묘

- 포트에서 뺄 때 겉 뿌리가 하얗고 근군이 잘 발달하고 떡잎이 붙은 묘

• 거름주기 Tip
  - 밑거름으로 주는 거름은 심기 2주일 전에 준다.
  - 유기질 퇴비와 인산질 비료는 모두 밑거름으로 주고, 질소와 칼리질 비료는 절반을 웃거름으로 사용한다.
  - 토마토는 웃거름 위주로 재배하여야 초세관리가 용이하다.

• 물주기 Tip
  - 정식 후 관수는 원칙적으로 오전에 행하여 저녁 무렵에는 토양 표면이 약간 마른상태가 되는 것이 좋다. 고온기에는 오전관수가 오히려 지온상승을 초래하여 뿌리 발달이 불량해지므로 오후 관수가 유리하다.

• 정지 및 유인 Tip
  - 정식 후 묘가 땅에 눕지 않도록 줄기를 위쪽으로 유인하면 채광성을 좋게 하고 줄썩음과나 공동과 등 생리장해를 예방할 수 있다.
  - 제 1화방이 꽃필 무렵부터 곁순을 따준다.

30
호박

- 학 명 : *Cucurbita* spp.
- 영 명 : Squash, Pumkin
- 중국명 : 남과(南瓜), 번과(番瓜)
- 원산지 : 열대 및 남아메리카

 재배특성

- 발아적온 : 25~28℃(최저 15℃이상, 최고 40℃이하)
- 생육적온 : 20~25℃
- 토양 : 사토~양토까지 잘 적응하는 편이고, 인산이 결핍된 화산회토에서는 활착이 나빠 조기재배 불리함
- 토양산도 : pH 5.5~6.8범위가 적당함
- 광적응성 : 광포화점 약 4만 5천lux, 단일조건에서 암꽃 착생이 촉진됨

 재배작형

구분	1월	2월	3월	4월	5월	6월	7월	8월	9월	10월	11월	12월
노지 재배												

※ ■ 파종, ■ 정식, ■ 수확

- 파종 : 4월초
- 정식 : 5월중
- 수확 : 8월초~8월말

 심는방법

(이랑 만들기)

- 거름주는 총량(kg/10a)

- 요소 : 22(밑거름), 22(웃거름)　　　　- 용성인비 : 66
- 염화가리 : 9.3(밑거름), 11.7(웃거름)
- 석회 : 500　　　　　　　　　　　　- 퇴비 : 1,500

• 이랑을 만들기 전에 퇴비와 밑거름 비료를 넣는다.
• 덩굴이 긴 호박은 폭은 2m, 주간 간격은 60cm 정도로 만들고 덩굴이 짧은 쥬키니 호박은 두둑 100~120cm, 주간 거리 60~70cm로 이랑을 만든다. 이랑은 녹색 또는 검은 비닐로 멀칭을 한다.

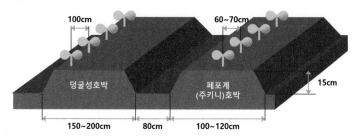

모종심기

• 정식은 본잎이 4~5장 형성될 때 적당하며 지온확보를 위해 터널을 설치하기도 한다. 심고 나서, 포기주위에 물을 충분히 관수해야 뿌리가 빨리 내린다.

 일반관리

• 정식 후 활착이 되고 나서 측지 2줄기 재배 또는 1줄기 재배를 할 것인지 결정하고, 유인할 측지를 제외하고 제거한다.
• 물주기는 1주일에 한번 정도씩 땅속 깊이 스며들 정도로 충분한 관수를 한다.
• 암꽃이 피면 수꽃으로 인공교배를 하여 수정을 도울 수 있다.
• 암꽃이 피기 1주일 전에 추비를 20~25일 간격으로 2~3회 해준다.
• 2줄기 재배의 경우 어미덩굴 1줄기, 아들덩굴 1줄기를 키우고 다른 아들덩굴은 제거한다. 덩굴은 두둑의 양쪽에 직각으로 배치하여 엉키지 않도록 한다.

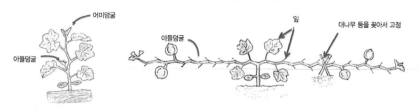

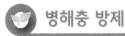
병해충 방제

- 흰가루병 : 엽에 발병하여 흰가루의 균사가 퍼지면서 발생한다.

  〈방제법〉 시설재배지에서는 환기가 잘 되는 양쪽의 측창부분부터 발생되므로 예찰을 철저히 하여 초기부터 적극적으로 방제하여야 한다. 약제방제는 수확2~5일 전까지 주기적으로 지상부의 경엽살포에 의존하여 방제한다.

- 덩굴마름병 : 상습발병지에서는 고온다습한 조건이 병 발생에 용이하므로 과습하지 않도록 배수를 좋게 한다. 병원균은 수매전염도 하므로 이랑을 50cm 이상 높게 설치하여 장마철에 물 빠짐이 좋도록 하여야 한다.

- 온실가루이 : 성충은 호박에 등록된 약제를 이용하여 적절한 희석농도를 준수하여 방제한다. 한편, 온실가루이 천적인 온실가루이좀벌(Encarsia formosa)을 이용하여 방제하기도 한다.

- 바이러스 : 바이러스의 발생을 예방하기 위해서는 철저한 진딧물을 방제해야한다. 우선 묘판관리가 중요한데 파종상을 설치하기 전에 주변의 잡초를 제거하여 청결하게 유지해야한다. 육묘상에서는 한냉사(23메쉬)를 설치하여 진딧물이 외부에서 날아오는 것을 철저히 차단하고 주기적으로 진딧물 약제를 살포하여야 한다.

수확 후 관리법

- 일반적인 숙과용 호박의 착과에서 성숙을 거쳐 완숙되기까지 소요일수는 대략 40~60일 정도이다. 수확시 주의할 점은 호박이 상처를 입지 않게 조심스럽게 수확하는 일이다. 숙과용 호박은 수확기보다 저장하여 출하하는 것이 농가 수취 가격에서 매우 유리하므로 저장할 것을 염두에 두고 주의해서 수확한다.

- 일반 숙과용 호박의 최적 저장온도는 12~15℃이며 10℃이하의 온도에서는 저온장해에 민감하게 반응한다. 저장가능 기간은 보통 12~15℃, 습도는 70~75%에서 품종에 따라 2~6개월 정도이다. 숙과용 호박을 저장할 때는 상처가 없는 깨끗한 것을 골라서 저장해야 부패발생이 적다. 조건을 맞추어 주면 6개월까지도 저장이 가능하다.

재배 Tip

- 기르는 Tip
  - 정식은 발아 후 육묘 포트의 크기와 육묘시기에 따라 다르지만 보통 파종 후 25~35일 경으로 본잎 4~6매 정도일 때가 적기이다.
  - 정식작업은 가능한 오후 2시 이전에 끝내도록 한다.
- 좋은 모종 고르는 Tip
  - 과번무하지 않으면서도 웃자라지 않은 것으로 선택.
- 거름주기 Tip
  - 밑거름으로 주는 거름은 심기 1주일 전에 준다.
  - 유기질 퇴비와 인산질 비료는 모두 밑거름으로 주고, 질소와 칼리질 비료는 절반을 웃거름으로 사용한다.
  - 웃거름은 심고나서 첫 번째 암꽃이 피기 1주일 전에, 20~25일 간격으로 포기 사이에 흙을 파서 준다.
- 심는 Tip
  - 모종 흙 높이보다 얕게 심어야 뿌리 활착이 빠르고 병에 잘 걸리지 않는다. 또는 심은 후에 물을 충분히 주어 시들지 않도록 해준다.

부록 **나만의 퇴비만들기**

퇴비란 무엇일까?

퇴비 (compost, 堆肥)

- 짚, 잡초, 낙엽 등을 일정기간 쌓아둔 후, 미생물 작용을 통해 유기물을 썩히고, 발효시켜 만든 것.
- 시중에서 판매되는 퇴비는 대부분 가축의 똥(우분, 돈분, 계분)이 함유되어 있으며, 질소질 성분이 많다.

비료는 토양 생산력을 높이고 작물이 잘 자랄 수 있도록 도움
주는 물질을 말한다.
흔히 거름이라고도 한다.

비료는 다음과 같이 분류해 볼 수 있다.

형태	화학비료	무기질 원료를 이용하여 화학적 처리로 제조된 비료 비료 3요소(질소, 인산, 칼리) 중 1종을 함유한 질소질, 인산질, 칼리질 비료와 2종 이상을 함유한 복합비료가 있음
	화학적이지 않은 비료	퇴비를 예로 들 수 있음
시기	기비 = 밑거름	작물이 뿌리를 내리고 일정기간 동안 성장할 수 있도록 토양에 섞어주는 비료
	추비 = 웃거름	작물의 영양보충을 위하여 작물 성장기 중간에 사용하는 비료
속도	속효성 비료	물에 잘 녹아 작물에 쉽게 흡수가 되는 비료를 말함
	완효성 비료	속효성에 비해 비료 효과가 천천히 나타남. 화학비료 중에서도 특수 가공을 하여 토양 중에 천천히 용해 되도록 한 것도 있음

퇴비와 화학비료의 차이점

퇴 비

- 식물 뿌리에 닿아도 뿌리가 상하지 않는다.
- 20~30 종의 양분이 적은 양이지만 골고루 포함되어 있다.
- 작물을 튼튼하게 키우기 위해 사용한다.
- 효과가 천천히 나타난다.
- 수분을 넉넉히 보유하고 있다.

VS

화학비료

- 식물 뿌리에 닿으면 뿌리가 상한다.
- 한 가지 또는 두 세 가지 양분이 높은 농도로 포함되어 있다.
- 주로 수량을 많이 얻기 위해 사용한다.
- 효과가 빠르게 나타난다.
- 수분 보유량이 적다.

어떤 퇴비가 텃밭에 적합할까?

유기농 텃밭을 위해서는 화학비료 대신에 퇴비를 사용한다.

냄새가 나지 않는 것이 좋다. (나더라도 누룩 띄우는 정도의 냄새가 날 것)

수분이 적은 것이 좋다.

밭에 뿌려주고 난 뒤 6개월 정도 지나면 형체가 없어 지는 것이 좋다.

톱밥 또는 나무 조각 등으로 만든 퇴비는 발효가 더디고 수분보존이 되지 않아 토양이 건조해 질 수 있으므로 사용 시 수분보충에 유의해 준다.

음식물쓰레기로 만든 퇴비는 염분이 많이 포함되어 있어 염분 함량이 낮은 음식물쓰레기를 이용한다.

텃밭에서 퇴비를 만들어 쓰면 좋은 점

비옥한 토양

- 유기물이 증가한다.
- 유용한 미생물의 활동과 증식을 돕는다.
- 작물의 생산성이 높아지게 도와준다.
- 퇴비 발효 시 열 발생으로 병해충을 억제한다.
- 수분함유량을 높인다.
- 토양온도를 조절한다.

오염 정화

- 퇴비 속 유익한 미생물이 토양의 오염물질과 독성물질을 분해한다.
- 화학비료 사용 절감으로 오수를 줄일 수 있다.

토양 보호

- 강우 시 토양침식을 방지 한다.
- 흙 속 익충의 서식처를 제공한다.

좋은 퇴비를 만들어 넣어주면 숨쉬기 좋고,
양분도 풍부한 살아있는 흙이 되어
작물이 잘 자라게 됩니다.

퇴비 만들기에 중요한 요소들

C/N율

- 탄소와 질소의 비율을 말한다.
- 이 두 요소의 비율이 잘 맞아야 식물이 잘 성장한다.
- C/N율은 30 : 1 이 적당하다.

수분

- 퇴비화에 필요한 미생물들이 물을 이용해 서식한다.
- 퇴비 수분은 50% 정도로 유지해주면 좋다.

발효 온도

- 잘 완숙된 퇴비가 되기 위해서는 발효온도가 60℃까지 올라가야 한다.
- 발효온도가 어느 정도 높아야 잡초 종자가 죽고, 높은 온도를 좋아하는 미생물 활성에 도움을 준다.

통기성

- 공기가 있어야 호기성 미생물(공기를 필요로 하는 미생물)이 유기물을 분해를 해서 좋은 퇴비를 만들 수 있다.

퇴비 만들기

퇴적식 : 부산물을 퇴비장에 쌓아두고 부숙시켜 다음 해 사용하던 전통적인 방식

교반식 : 퇴비화 전용 용기에서 섞어주는 방식

172

 재료 섞기 > 재료 쌓아두기 > 퇴비 뒤집기

밭에서 나오는 부산물들을
그때 그때 모아둔다.

모아둔 재료를 섞어줄 때 물을
뿌리면서 섞어준다.

물은 재료를 완전히 섞은 뒤
한 움큼 집어 꾹 짜주었을 때
주르륵 흘러 나오지 않을
정도로만 넣어 준다.

173

퇴비 만들기

순서

재료 섞기 > **재료 쌓아두기** > 퇴비 뒤집기

재료를 쌓아 둘 때는 비를 맞지 않는 장소가 좋다.
외부의 물이 스며 들지 않고
위에 덮개를 씌워 줄 수 있는
장소가 좋다.

바닥은 공기가 잘 통할 수
있도록 짚이나 낙엽 등을
깔아 주면 좋다.

야외에 쌓아 둘 경우 비닐
등으로 덮어주어야 한다.

재료 섞기 > 재료 쌓아두기 > **퇴비 뒤집기**

퇴비를 뒤집는 이유는 산소를 균등하게 공급해 주어 재료를 골고루 발효시키기 위함이다. 보통 4~5일에 한 번 정도 뒤집어 주고, 겨울에 경우 일주일에 한 번 정도 뒤집어 준다. 퇴비는 온도가 현저히 올라갈 때에 뒤집어 준다.

퇴비를 뒤집을 때 수분이 부족할 경우 물을 보충하면서 뒤집어 준다.

나
만
의

퇴
비

만
들
기

퇴비통의 다양한 사례

국내사례

국외사례

텃밭에서 나오는 다양한 부산물들

각종 채소류

옥수수대, 고추대 등

잡초류

지푸라기

낙엽

재활용이 가능한 텃밭 작물

상추

쑥갓

일당귀

잎들깨

고추

토마토

가지

고구마

강낭콩

배추

콜라비

수박

텃밭 작물별 탄질비(C/N율)

퇴비 만들 때 적정한 C/N율은 30% 정도가 좋다.

작물	C(%)	N(%)	C/N율
상추	36.7	3.9	9.5
쑥갓	62.7	6.2	10.1
일당귀	52.3	3.1	17.0
잎들깨	51.2	4.1	12.4
고추	47.2	2.6	18.1
토마토	43.8	2.3	19.0
가지	50.0	2.3	21.7
고구마	50.8	3.3	15.2
강낭콩	38.6	1.4	27.5
옥수수	42.9	1.2	35.7

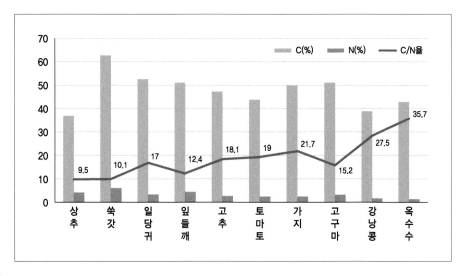

퇴비 만들 때 사용되는 부재료

건초, 톱밥, 석회질소, 깻묵, 왕겨, 볏짚, 닭 똥, 두엄 등

건초

톱밥

석회질소

깻묵

왕겨

볏짚

퇴비 만들 때 주의사항

퇴비 공간 확보!!

야외에 퇴비 공간을 만들 시 외부에서 물이 스며드는 것을 막을 수 있는 공간이어야 한다.

퇴비통을 만들 때에는 통 밑에 반드시 배수구가 있어야 한다.

텃밭 부산물 수시로 모으기!!

부산물을 그대로 사용하면 발효가 되지 않으므로 부산물을 작게 잘라주어야 한다.

거름통에 넣으면 안 되는 재료!!

개나 고양이의 분비물, 석탄재, 유제품, 닭 뼈, 돼지 뼈, 생선, 고기 등

C/N율 맞춰주기!!

일반적으로 갈색을 띠는 재료는 탄소 함량이 높고, 녹색을 띠는 재료는 질소 함량이 높다.

- **갈색 재료** : 마른 작물, 낙엽, 지푸라기, 신문, 나뭇가지, 박스 등
- **녹색 재료** : 깎은 잔디나 마르지 않은 녹색 잎 채소 등

탄소와 질소의 비율을 맞춰주는 쉬운 방법은
갈색재료 : 녹색재료 = 1 : 3 으로 해준다.

탄 소	질 소

퇴비를 언제 만들까?

일반적으로 늦가을에서 겨울 사이에 만들어 이듬해 봄에 사용한다.

일 년에 두 번 퇴비를 만들 수 있는데 가을에 만들어 이듬해 봄에 사용하고 봄에 만들어 그 가을에 사용한다.

퇴비는 언제쯤 주는 게 좋을까?

작물을 심기 1-2주 전에 흙과 잘 섞어준 후 식물씨앗이나 모종을 심는 것이 좋다.

퇴비를 얼마나 사용해야 할까요?

- 엽채류: 1평 당(3.3㎡) 약 2~3kg
- 근채류: 1평 당(3.3㎡) 약 3~4kg
- 과채류: 1평 당(3.3㎡) 약 4~5kg

퇴비를 언제 사용해야 할까?

우선 퇴비가 완숙이 되어야 이용이 가능하다.

그렇다면 완숙된 퇴비와 그렇지 않은 퇴비를 어떻게 구분할까?

- 완숙퇴비 : 열이 나지 않음, 불쾌한 냄새가 나지 않음
- 미숙퇴비 : 열이 계속 남, 나쁜 냄새가 남

미숙퇴비 사용하면 안 되는 이유

미숙퇴비를 사용하면 열과 가스가 발생하는데 이 열과 가스가 식물의 뿌리에 피해를 줘서 식물이 자랄 수 없게 하기 때문이다.

도시농업 텃밭 채소

1판 1쇄 발행 2020년 07월 01일
1판 2쇄 발행 2023년 05월 15일
저　　　자 국립원예특작과학원
발 행 인 이범만
발 행 처 **21세기사** (제406-2004-00015호)
　　　　　경기도 파주시 산남로 72-16 (10882)
　　　　　Tel. 031-942-7861　　　Fax. 031-942-7864
　　　　　E-mail : 21cbook@naver.com
　　　　　Home-page : www.21cbook.co.kr
　　　　　ISBN 978-89-8468-879-7

정가 19,000원